新版 制御工学の基礎

柴田　浩
藤井知生
池田義弘
著

朝倉書店

改訂にあたって

本書も初版以来10年が経過したが，その間デジタル計算機の分野の発展がめざましく，サンプル値制御系についての学習がますます重要となってきた．この分野についてはいくつかの進展もあり，またインパルス列を用いた説明は理解しにくいというご指摘を諸先生方からしばしば受けてきた．

このような状況をふまえ，本改訂版では，第7章の構成を大幅に変更した．サンプル値制御系を離散時間制御系と呼び，それについてインパルス列を用いることなく，また連続時間系と対応づけながら，一通りの説明をし，最後にインパルス列を用いた説明を補足した．これにより，連続時間系と離散時間系とのつながりがスムースになり，この章の理解も平易になったものと信ずる．

なお，ページ数の増加を避ける目的もあり，拡張 z 変換と根軌跡の項目は本改訂版では省略した．

その他に，(4.16)～(4.20) 式の間の記述を少し変更した．

以上の改訂はおもに柴田が行ったが，改訂以前のもとの本の内容や図をそのまま用いている個所も多々ある．

この改訂にあたり，朝倉書店の編集部のご配慮にお礼を申し上げます．

2001年4月

著者らしるす

はしがき

制御工学は，電気系，機械系，化学工学系にとって共通に必要とされるものであるとよくいわれる．本書ではそのような共通で本質的な基本概念のみを記述するよう心がけた．したがって派生的で各系ごとに固有となる実際の制御対象（のモデリング）や制御装置（の実現法）との具体的な関連については，他書で補ってほしい．

本書は大学２年生後期，あるいは３年生前期から１年間の講義の教科書として用いることを念頭において執筆した．

近年，大学の工学部における基礎教育も充実してきたので，そこで習得される数学は積極的に用いるようにした．そうすることにより，論理の厳密性を保持できるとともに記述も簡潔にできるからである．数学はあくまでも制御の概念を導出するための手段に過ぎず制御の本質ではない．しかし，そこで用いられている数学を理解せずしては，制御の真の理解もありえないことも事実である．

ラプラス変換については，本書を理解するに必要な事項は2.1節に記述したつもりであり，これと複素関数論の初歩的知識があれば１～４章までの理解は可能である．線形代数については，どこの大学においても一年生の教科に含まれているようなので，行列の和と積，階数，逆行列，固有値，固有ベクトル，ベクトルの線形独立性，ケーリー・ハミルトンの定理，正(定)値行列などの項目については，読者は既習しているものとした．これらは５章以後で必要となるものであり，未習の読者は５章を読むまえに，線形代数のこれらの項目を一読してほしい．

本書は制御系を設計するという立場を強く意識し，この立場から既存の内容を整理しなおし，同時に今後制御の研究を志す者にとっても有用となるよう，制御に対する基本的な考え方を強調したつもりである．もちろん，基本的な概念のみに重点をおいたので，その内容は単一入出力系に限り，数学的にもできるだけ初歩的なもののみを用いるようにした.

本書の構成は，制御理論の歴史的発展過程を踏襲し，まず1～4章で伝達関数に関する事項を述べ，ここで制御系設計の基本概念を網羅するようにした.同じ制御系設計問題が状態変数という考え方からも解決可能であることを5～6章で説明する.この考え方は，そのまま多入出力系へと拡張できる.さらに7章ではサンプル値制御系(ディジタル制御系)，8章では非線形制御系の基礎について記述した.

また，制御をはじめて学ぶ独習者にも理解しやすいように，その節の内容と制御系設計法とのかかわりあいについて随所に説明を加えた.さらに章末には，その章の内容の理解の助けとなるような簡単な演習問題をつけた.

最近マイクロコンピュータの発展により，ディジタル制御が安価に実現できるようになり，離散時間制御が盛んに論じられるようになってきた.しかし実在の制御対象のほとんどは連続時間系であり，理論的にも連続時間系の制御論が基本となるので，本書でもはじめに一貫してそれについて述べ，その基礎のもとに離散時間系と非線形系の制御について論じることにする.

執筆分担については，1，2章は藤井，3～6章は柴田，7，8章は池田が担当し，全体にわたっては柴田が目を通した.1～6章については一貫性を重視し，はじめて制御を学ぶものが，制御系設計理論の本質を見失うことなく系統的に理解できるよう，柴田がその内容を吟味した.

本書を書くにあたって参考にさせていただいた書物については，参考文献として，最後に一括して掲載させていただくとともに，これらの本から使用させていただいた図面については，各図の説明の個所に文献番号を付した.これらの各著者には厚く御礼申しあげます.

1990年3月

著者らしるす

目　　次

1. 制 御 の 概 念

1.1 制 御 の 種 類

制御という言葉は，いろいろなところで用いられているが，これは，シーケンス制御とフィードバック制御に大別される．

シーケンス制御は交通信号機の青，黄，赤の信号灯の点滅に見られるように，スイッチの開閉順序と時間間隔の制御を問題にするものである．いろいろな階で上下の行先ボタンが押されているとき，どのような順序で，エレベータを最寄りの階に止めていくかも，シーケンス制御の例である．

フィードバック制御については，次節以後に詳しく述べるが，これによればシーケンス制御よりも質のよい制御が可能となる．しかし制御機器の構造もそれだけ複雑になる．

社会で要求される制御の質は，シーケンス制御で実現可能なものも多く，シーケンス制御機器も多数あるが，本書ではフィードバック制御のみを扱い，以後制御といえば，フィードバック制御を指すものとする．

1.2 フィードバック制御

図 1.1 に示すように，電熱炉において炉内温度をたとえば 200℃という一定値に保つような制御を考えてみよう．200℃という温度は電圧に変換され，目標値 $v_i(t)$ として設定される．炉内温度 $\theta(t)$ は熱電対によって測定され電圧 $v(t)$ に変換され，目標値 $v_i(t)$ と比較される．炉内温度と目標値との間に偏差（これを $e(t)$ とする）があれば，それを増幅して，電動機を回転させ，すべり変圧器

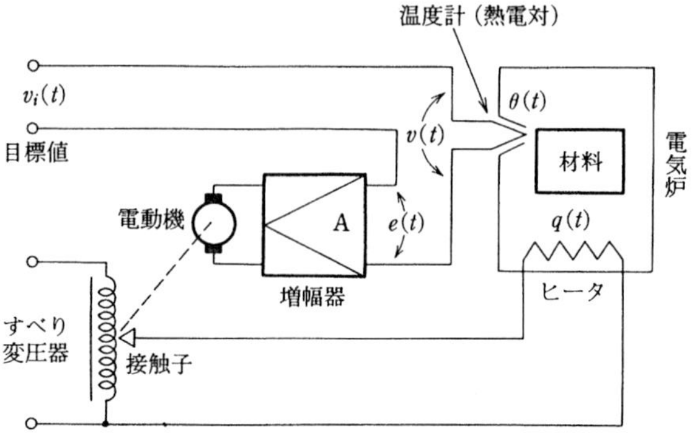

図 1.1　フィードバック制御の例

の接触子を動かし，炉内温度が目標値より低い場合はヒータ電流を増加し，逆の場合はヒータ電流を減少させる．

また，炉内温度と目標値が等しい場合には接触子を動かさずそのままの状態にしておけばよい．

このような制御系を概念的に示すと図1.2のようになる．電熱炉のように制御の対象となるものを**制御対象**，増幅器，電動機，すべり変圧器のように制御対象の制御にたずさわるものを**制御器**という．また温度のように制御しようとするものを**制御量**，これに対する所望の値を**目標値**（入力）あるいは**設定値**（入力），制御量と目標値との差を**偏差**，制御対象への入力を**操作量**または**制御入力**という．

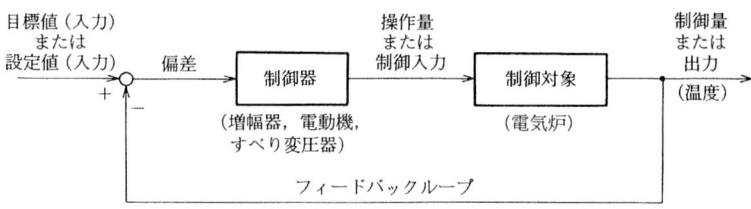

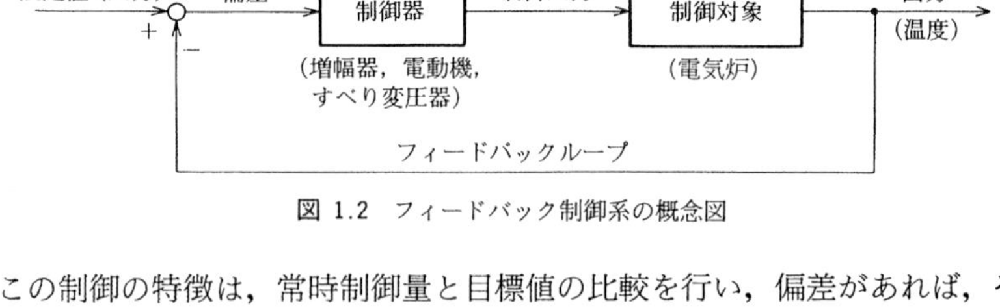

図 1.2　フィードバック制御系の概念図

この制御の特徴は，常時制御量と目標値の比較を行い，偏差があれば，それが0になるように制御を行っていることである．すなわち制御した結果を常に次の制御に反映させていることである．この制御量を目標値のほうへもどす道を**フィードバックループ**あるいは**フィードバックパス**といい，これをもっている系を**閉ループ系**ともいう．これに対し，フィードバックループをもたない系を**開ループ系**という．

さらに図1.2のフィードバック制御系の基本構成において，制御器は制御の質を向上させるための**補償要素**あるいは**調節計**と操作機器から構成される場合がある．また検出器や各種変換器なども必要があれば随所に挿入される．

フィードバック制御系をひとまとめにして考えたとき，目標入力を単に入力，制御量を単に出力と呼ぶこともある．

1.3　フィードバック制御系の設計目標

図1.2において，制御量を一定値に保つ制御系を考える．目標入力を $r(t)$，制御量を $y(t)$ とし，その時間応答の一例を図1.3に示す．図において，目標入力の設定は瞬時にできるので，$r(t)$ はステップ関数となる．それに対する $y(t)$ の応答において，$y(t)$ が一定値になるまでの状態を**過渡状態**，その後の状態を**定常状態**という．定常状態における $y(t)$ と $r(t)$ との偏差を定常偏差という．よい制御とは速く定常状態にいき（速応性または**過渡特性**），かつ定常偏差が小さい（**定常特性**）ことである．

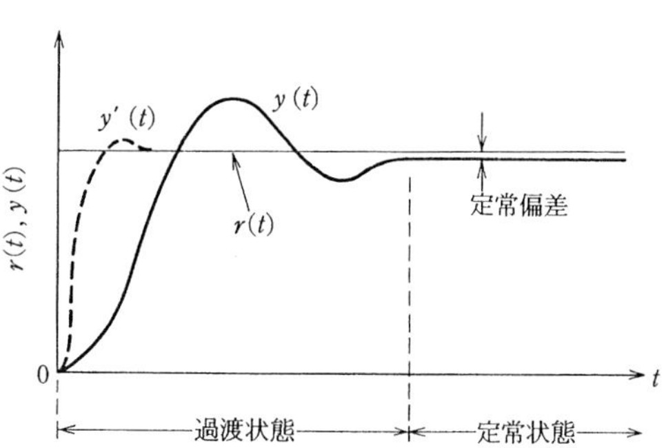

図 1.3　フィードバック制御系の時間応答

このように考えると，制御系の設計目標は，制御対象が与えられたとき，①定常特性と②過渡特性が設計仕様を満足するように制御器を設計することである．普通，これは目標入力に対してなされるが，このほかにとくにプロセス制御などの場合は，外乱に対する検討も必要となる．

定常特性と過渡特性という二つのうち，後者の検討がいわゆる制御理論の大部分を占めている．少し極端かもしれないが，本書でも定常特性に関する記述は3.6節のみであり，その他はすべて過渡特性に関する記述である．過渡状態を記述するのは微分方程式であるから，制御理論には微分方程式の導入が不可欠であり，このことが制御理論をむずかしくしている要因となっている．これを解析する手段としては，**伝達関数**による手法と，**状態表現**による手法の二つがあり，前者には2～4章，後者には5～6章があてられている．

フィードバック制御系の分類の一つに**定値制御系**と**追値制御系**とがある．前者は目標入力が一定値をとるもので，各種プロセス制御系がこの範ちゅうに入る．なぜならプロセス制御系では製品の製造工程においては，一定の寸法や一定の組成などが目標入力となるからである．後者は目標入力が常に変化するもので，各種サーボ機構がこの範ちゅうに入る．なぜなら，各種自動記録計などに記録される電圧や温度などが目標入力となるからである．

2. 制御系と伝達関数

2.1 ラプラス変換

微分方程式の解析には，ラプラス変換が有力であるので，それについて述べる．線形定係数常微分方程式といわれるクラスのみが，ラプラス変換によって解析可能であるが，本書で扱うほとんどの制御系はこのクラスに属している．

a. ラプラス変換

$t<0$ では 0 の関数

$$f(t)=\begin{cases}0 & (t<0 \text{ のとき}) \\ f(t) & (t\geqq 0 \text{ のとき})\end{cases} \tag{2.1}$$

に対するラプラス変換 $F(s)$ は

$$F(s)=\mathcal{L}[f(t)]=\int_0^\infty f(t)e^{-st}dt \tag{2.2}$$

で定義される．パラメータ s は一般に複素数で，$F(s)$ は上式の右辺が意味をもつ，すなわち，積分が収束する s に対してのみ定義される．

ラプラス変換式のほとんどは，(2.2)式を直接計算するか，部分積分の公式を用いることによって証明できる．

〔例題 2.1〕 $f(t)=\sin\omega t$（ただし $t<0$ では $f(t)=0$）のラプラス変換を求めよ．

〔解〕 $F(s)=\mathcal{L}[\sin\omega t]=\int_0^\infty e^{-st}\sin\omega t dt=\int_0^\infty e^{-st}\dfrac{e^{i\omega t}-e^{-i\omega t}}{2i}dt$

$$=\frac{1}{2i}\int_0^\infty\left(e^{-(s-i\omega)t}-e^{-(s+i\omega)t}\right)dt=\frac{1}{2i}\left[\frac{-e^{-(s-i\omega)t}}{s-i\omega}+\frac{e^{-(s+i\omega)t}}{s+i\omega}\right]_0^\infty$$

$$=\frac{1}{2i}\left[\frac{1}{s-i\omega}+\frac{-1}{s+i\omega}\right]$$ （ただし Re $s>0$ とする．Re は実数部を意味する）

$$=\frac{\omega}{s^2+\omega^2} \qquad (2.3)$$

となり，これは Re $s>0$ で定義される．この公式は部分積分を使っても求められる．

〔例題 2.2〕 $F(s)=\mathcal{L}[f(t)]$とするとき，$df(t)/dt$ のラプラス変換を求めよ．

〔解〕$\mathcal{L}\left[\frac{df(t)}{dt}\right]=\int_0^\infty e^{-st}\frac{df(t)}{dt}dt=\left[e^{-st}f(t)\right]_0^\infty+s\int_0^\infty e^{-st}f(t)\,dt$

$$=sF(s)-f(0) \qquad \text{（ただし Re } s>0\text{）} \qquad (2.4)$$

となり，この定義域も Re $s>0$ となる．

〔例題 2.3〕 $F(s)=\mathcal{L}[f(t)]$とするとき，次式を証明せよ．

$$\lim_{t\to 0}f(t)=\lim_{s\to\infty}sF(s)\text{：初期値の定理} \qquad (2.5)$$

$$\lim_{t\to\infty}f(t)=\lim_{s\to 0}sF(s)\text{：最終値の定理} \qquad (2.6)$$

ただし $F(s)$は Re $s\geqq 0$ で正則とする．

〔解〕 (2.4)式より

$$\int_0^\infty e^{-st}\frac{df(t)}{dt}dt=sF(s)-f(0)$$

が成立する．両辺の $s\to\infty$ および $s\to 0$ の極限計算を行えばよい．

〔例題 2.4〕 ディラックのデルタ関数 $\delta(t)$ のラプラス変換を求めよ．

〔解〕 $\delta(t)$は超関数であるので，ここでは数学的厳密性をぬきにした形式的な定義式を述べる．

$$\delta(t)=\begin{cases}0 & (t\neq 0\text{ のとき})\\ \infty & (t=0\text{ のとき})\end{cases} \qquad (2.7)$$

$$\int_{-\infty}^{\infty}\delta(t)\,dt=1 \qquad (2.8)$$

任意の連続関数 $f(t)$に対して

$$f(t)=\int_{-\infty}^{\infty}f(\tau)\,\delta(t-\tau)\,d\tau=\int_{-\infty}^{\infty}f(t-\tau)\,\delta(\tau)\,d\tau \qquad (2.9)$$

が成立する．(2.7)～(2.9)式が δ 関数の定義式である．このラプラス変換は(2.9)式を用いると次式となる．

$$\varDelta(s)=\mathcal{L}\ [\delta(t)]\ =\int_{0}^{\infty}e^{-st}\delta(t)\,dt=1 \qquad (2.10)$$

表 2.1 によく用いられるラプラス変換公式をまとめておく．

表 2.1　ラプラス変換表

$f(t)$	$F(s)$	$f(t)$	$F(s)$
$\delta(t)$ 単位インパルス関数	1	$e^{-\alpha t}\sin\beta t$	$\dfrac{\beta}{(s+\alpha)^2+\beta^2}$
$u(t)$ 単位ステップ関数	$\dfrac{1}{s}$	$e^{-\alpha t}\cos\beta t$	$\dfrac{s+\alpha}{(s+\alpha)^2+\beta^2}$
t	$\dfrac{1}{s^2}$	$f(t-L)$	$e^{-Ls}F(s)$
$\dfrac{t^{n-1}}{(n-1)!}$	$\dfrac{1}{s^n}$	$e^{-\alpha t}f(t)$	$F(s+\alpha)$
$e^{-\alpha t}$	$\dfrac{1}{s+\alpha}$	$\int f(t)dt$	$\dfrac{F(s)}{s}+\dfrac{f^{-1}(0)}{s}$
$\dfrac{t^{n-1}e^{-\alpha t}}{(n-1)!}$	$\dfrac{1}{(s+\alpha)^n}$	$\dfrac{df(t)}{dt}$	$sF(s)-f(0)$
$\sin\beta t$	$\dfrac{\beta}{s^2+\beta^2}$	$\dfrac{d^2f(t)}{dt^2}$	$s^2F(s)-sf(0)-f'(0)$
$\cos\beta t$	$\dfrac{s}{s^2+\beta^2}$	$\dfrac{d^nf(t)}{dt^n}$	$s^nF(s)-s^{n-1}f(0)-\cdots$ $\cdots-sf^{(n-2)}(0)-f^{(n-1)}(0)$

b.　逆ラプラス変換

ラプラス変換 $F(s)$ が s の有理関数として与えられたとき，それからもとの関数 $f(t)$ を求めることを**逆ラプラス変換**といい，それは次式で与えられる．

$$f(t)=\mathcal{L}^{-1}\ [F(s)]\ =\begin{cases}0 & (t<0\ のとき)\\ \dfrac{1}{2\pi i}\displaystyle\int_{\sigma-i\infty}^{\sigma+i\infty}F(s)\,e^{st}ds & (t\geq 0\ のとき)\end{cases} \qquad (2.11)$$

実数 σ は $\mathrm{Re}\,s>\sigma$ に $F(s)$ の特異点が存在しないように選ばれる．逆変換の対象となる $F(s)$ は分母多項式のほうが，分子多項式より次数が高いものとする．逆変換の求め方には留数計算による方法と，部分分数展開による方法がある．

1)　留数計算による方法　$F(s)$の極（$F(s)$の分母多項式$=0$とした根）をs_iとし，それに対する$F(s)e^{st}$の留数をR_iとすると，$f(t)$はすべての極s_iに対する留数の和，すなわち

$$f(t)=\sum_i R_i \tag{2.12}$$

によって求められる．ただし留数R_iはs_iを$F(s)$のm位の極（$F(s)$の分母多項式$=0$のm重根）としたとき，次式で与えられる．

$$R_i=\lim_{s\to s_i}\left[\frac{1}{(m-1)!}\frac{d^{m-1}}{ds^{m-1}}\{(s-s_i)^m F(s)e^{st}\}\right] \tag{2.13}$$

〔例題 2.5〕　$F(s)=\dfrac{1}{s^2+3s+2}$の逆ラプラス変換を留数計算によって求めよ．

〔解〕　$F(s)$の極は$s_1=-1$，$s_2=-2$の二つで，いずれも一位の極であり，それに対する留数R_1，R_2は（2.13）式より

$$R_1=\lim_{s\to-1}\left[(s+1)\frac{e^{st}}{(s+1)(s+2)}\right]=e^{-t}$$

$$R_2=\lim_{s\to-2}\left[(s+2)\frac{e^{st}}{(s+1)(s+2)}\right]=-e^{-2t}$$

となる．したがって，（2.12）式より次式が得られる．

$$f(t)=\mathcal{L}^{-1}\left[\frac{1}{s^2+3s+2}\right]=e^{-t}-e^{-2t} \tag{2.14}$$

〔例題 2.6〕　$F(s)=\dfrac{13}{s(s^2+4s+13)}$の逆ラプラス変換を留数計算によって求めよ．

〔解〕　$F(s)$は$s_1=0$，$s_2=-2+3i$，$s_3=-2-3i$という3個の一位の極をもつ．これに対する留数R_1，R_2，R_3は（2.13）式より

$$R_1=\lim_{s\to0}\left[s\frac{13e^{st}}{s(s^2+4s+13)}\right]=1$$

$$R_2=\lim_{s\to-2+3i}\left[(s+2-3i)\frac{13e^{st}}{s(s+2-3i)(s+2+3i)}\right]=\frac{-3+2i}{6}e^{-(2-3i)t}$$

$$R_3=\lim_{s\to-2-3i}\left[(s+2+3i)\frac{13e^{st}}{s(s+2-3i)(s+2+3i)}\right]=\frac{-3-2i}{6}e^{-(2+3i)t}$$

となる．したがって(2.12)式より次式が得られる．

$$f(t)=\mathcal{L}^{-1}\left[\frac{13}{s(s^2+4s+13)}\right]=1+\frac{-3+2i}{6}e^{-(2-3i)t}+\frac{-3-2i}{6}e^{-(2+3i)t} \quad (2.15)$$

2) 部分分数展開による方法　$F(s)$の極 s_i $(i=1\sim n)$ がすべて一位のとき，$F(s)$は

$$F(s)=\sum_{i=1}^{n}\frac{K_i}{s-s_i} \quad (\text{ただし } K_i \text{ は定数}) \quad (2.16)$$

と部分分数展開され，これを逆変換すると表 2.1 より

$$f(t)=\mathcal{L}^{-1}[F(s)]=\sum_{i=1}^{n}K_ie^{s_it} \quad (2.17)$$

が得られる．K_i の求め方は以下の例題で示す．$F(s)$が二位以上の極をもつとき，たとえば $F(s)$が，

$$F(s)=\frac{K}{(s-s_1)^3(s-s_2)} \quad (2.18)$$

のとき，それは A，B，C，D を定数として

$$F(s)=\frac{A}{(s-s_1)^3}+\frac{B}{(s-s_1)^2}+\frac{C}{s-s_1}+\frac{D}{s-s_2} \quad (2.19)$$

のように部分分数展開でき，これを逆変換すると表 2.1 を用いて

$$f(t)=\frac{A}{2}t^2e^{s_1t}+Bte^{s_1t}+Ce^{s_1t}+De^{s_2t} \quad (2.20)$$

となる．これより $F(s)$が 2 位以上の極をもつ一般の場合も推測できる．

〔例題 2.7〕 例題2.5 の $F(s)=1/[(s+1)(s+2)]$の逆変換を部分分数展開によって求めよう．

〔解〕 はじめに部分分数展開の方法を説明しよう．

$$\frac{1}{(s+1)(s+2)}=\frac{A}{s+1}+\frac{B}{s+2} \quad (2.21)$$

とおく．両辺に$(s+1)(s+2)$をかけると

$$1=A(s+2)+B(s+1) \quad (2.22)$$

が得られ，両辺の s のべき乗ごとの係数を比較すると次式が得られる．

$$1=2A+B$$

$$0=A+B$$

これを解くと，$A=1$，$B=-1$ となる．これを(2.21)式に代入し，表 2.1 を用いて $f(t)$ を求めると，

$$f(t)=\mathcal{L}^{-1}\left[\frac{1}{(s+1)(s+2)}\right]=\mathcal{L}^{-1}\left[\frac{1}{s+1}-\frac{1}{s+2}\right] \qquad (2.23)$$
$$=e^{-t}-e^{-2t}$$

が得られ，これは(2.14)式の結果と一致している．

〔例題 2.8〕 例題2.6 の $F(s)=13/[s(s^2+4s+13)]$ の逆変換を部分分数展開によって求めよ．

〔解〕 $F(s)$が共役複素極をもつときは，次のように部分分数展開するのが簡便である．

$$\frac{13}{s(s^2+4s+13)}=\frac{A}{s}+\frac{Bs+C}{s^2+4s+13} \qquad (2.24)$$

両辺に $s(s^2+4s+13)$ をかけると，

$$13=A(s^2+4s+13)+s(Bs+C) \qquad (2.25)$$

が得られ，両辺の s のべき乗ごとの係数を比較すると次式が得られる．

$$13=13A$$
$$0=4A+C$$
$$0=A+B$$

これを解くと，$A=1$，$B=-1$，$C=-4$ となる．これを(2.24)式に代入し，表2.1を用いると，逆変換は次のように求められる．

$$f(t)=\mathcal{L}^{-1}\left[\frac{13}{s(s^2+4s+13)}\right]=\mathcal{L}^{-1}\left[\frac{1}{s}-\frac{s+4}{s^2+4s+13}\right]$$
$$=\mathcal{L}^{-1}\left[\frac{1}{s}-\frac{(s+2)+3(2/3)}{(s+2)^2+3^2}\right]=1-e^{-2t}\cos 3t-\frac{2}{3}e^{-2t}\sin 3t \qquad (2.26)$$

(2.15)式を公式

$$\cos x=\frac{e^{ix}+e^{-ix}}{2}, \quad \sin x=\frac{e^{ix}-e^{-ix}}{2i} \qquad (2.27)$$

を用いて変形すると容易に(2.26)式に一致することがわかる．

(2.24)式のように，共役複素極をひとまとめにして部分分数展開を行うと，実数の範囲で計算が実行され，かなり簡単になる．

もちろん本例題を

$$\frac{13}{s(s^2+4s+13)}=\frac{A}{s}+\frac{B}{s+2-3i}+\frac{C}{s+2+3i} \tag{2.28}$$

と部分分数展開して解くこともでき，このとき B，C は複素数となり，これによる結果は（2.15）式と一致する．

2.2　伝達関数とブロック線図

制御系の過渡特性が微分方程式

$$\frac{d^2y(t)}{dt^2}+3\frac{dy(t)}{dt}+2y(t)=u(t) \tag{2.29}$$

によって与えられたとしよう．ここで $u(t)$ は強制項であり，それに対する時間応答 $y(t)$ が求めたい過渡特性を表しているものとする．このようなとき，$u(t)$ を制御系の入力，$y(t)$ を制御系の出力という．$Y(s)=\mathcal{L}[y(t)]$，$U(s)=\mathcal{L}[u(t)]$ とし，すべての初期値を 0 とおいて (2.29) 式をラプラス変換すると，表 2.1 より

$$(s^2+3s+2)Y(s)=U(s) \tag{2.30}$$

が得られる．このとき入出力の比を $G(s)$ とすると

$$G(s)=\frac{Y(s)}{U(s)}=\frac{1}{s^2+3s+2} \tag{2.31}$$

となる．この $G(s)$ を伝達関数という．またこの関係を図 2.1 のように描き，これをブロック線図という．

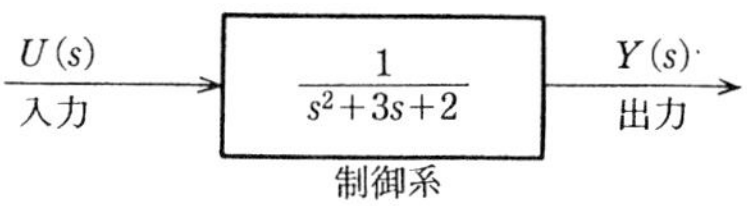

図 2.1　(2.29)式に対するブロック線図

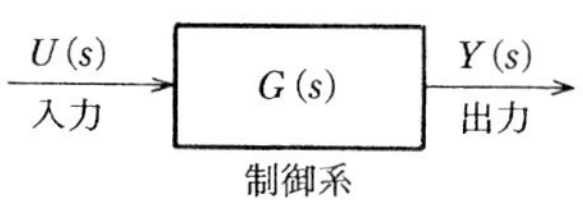

図 2.2　一般のブロック線図

一般的には伝達関数 $G(s)$ とはすべての初期値を 0 としたとき

$$G(s)=\frac{(\text{出力のラプラス変換})}{(\text{入力のラプラス変換})}=\frac{Y(s)}{U(s)} \tag{2.32}$$

によって定義される．これに対するブロック線図は図 2.2 のようになり，この

とき

$$Y(s)=G(s)U(s) \tag{2.33}$$

とかけることが，(2.32)式よりわかる．

$s^k=(d^k/dt^k)(k=1,\ 2,\ \cdots)$ とおくと，(2.31)式より逆に(2.29)式が得られるので，伝達関数は制御系の入出力間の微分方程式の関係を示しているともいえる．制御系に対する伝達関数の一般形は実係数の s の有理関数となり

$$G(s)=\frac{D(s)}{N(s)}=\frac{b_m\prod_{i=1}^{m}(s-z_i)}{\prod_{i=1}^{n}(s-s_i)}$$

$$=\frac{b_ms^m+b_{m-1}s^{m-1}+\cdots+b_1s+b_0}{s^n+a_{n-1}s^{n-1}+\cdots+a_1s+a_0}\quad(n\geqq m) \tag{2.34}$$

と表される．ここで s_i は分母多項式 $N(s)=0$ の根で，これを伝達関数 $G(s)$ の極といい，z_i は分子多項式 $D(s)=0$ の根で，これを伝達関数 $G(s)$ の零点という．s_i，z_i は実数値あるいは複素数値をとる．

伝達関数の最小の要素は積分器と係数器であり，それぞれの入力 $u(t)$ と出力 $y(t)$ の関係は次の2式で与えられ

$$y(t)=\int^t u(t)\,dt \quad あるいは \quad Y(s)=\frac{1}{s}U(s) \tag{2.35}$$

$$y(t)=ku(t) \quad あるいは \quad Y(s)=kU(s) \tag{2.36}$$

このブロック線図は図2.3のようになる．

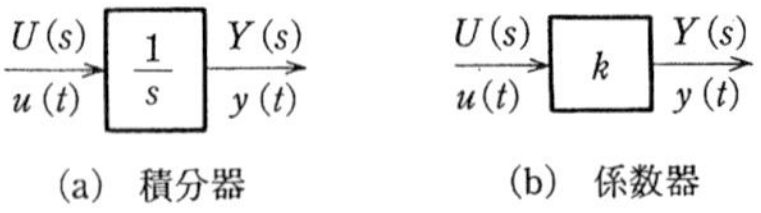

図 2.3　伝達関数の最小要素のブロック線図

この最小要素を用いて図2.1を描くには，(2.30)式において，最高次数の項以外を右辺に移項して

$$s^2Y(s)=-3sY(s)-2Y(s)+U(s) \tag{2.37}$$

とし，これを図2.4のように描けばよい．

〔例題 2.9〕　図1.1の電熱炉について考えてみよう．次のように変数をとると，

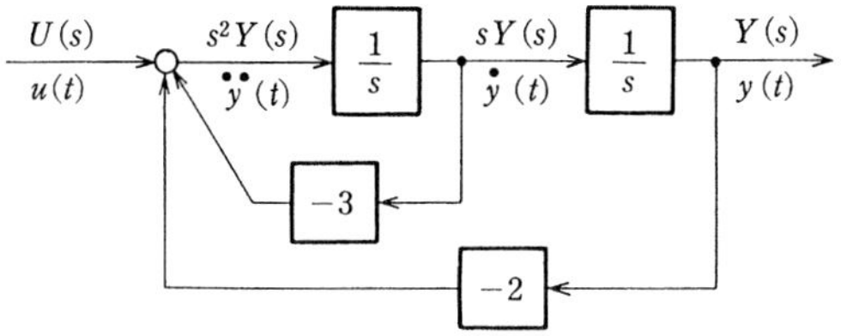

図 2.4 最小要素を用いた(2.29)式のブロック線図

詳しい説明は省略するが物理的考察より，次のような一連の式が得られる．

$q(t)$：ヒータの発生熱量

$\theta(t)$：炉内温度

$v(t)$：熱電対の検出電圧（$\theta(t)$ の電圧換算値）

$v_i(t)$：目標入力（目標温度の電圧換算値）

$$T\frac{d\theta(t)}{dt}+\theta(t)=k_0q(t) \tag{2.38}$$

$$v(t)=k_1\theta(t) \tag{2.39}$$

$$e(t)=v_i(t)-v(t) \tag{2.40}$$

$$q(t)=k_2e(t) \tag{2.41}$$

ここで，T，k_0 は炉などの熱容量や熱抵抗によって決まる定数，k_1 は熱電対の温度 − 電圧変換係数，k_2 は偏差電圧 $e(t)$ から，増幅器，電動機，すべり変圧器を介してヒータの発生熱量 $q(t)$ までの間の機構に対する定数である．この経路の時間応答（これをダイナミクスともいう）は，(2.38) 式の熱系のダイナミクスに比べれば十分速く無視できるものと仮定している．

このように制御系の過渡特性を表す (2.38) ～(2.41) 式が与えられたとき，これに対するブロック線図は次のようにして求める．

変数 $q(t)$，$\theta(t)$，$v(t)$，$v_i(t)$，$e(t)$ のラプラス変換をそれぞれ $Q(s)$，$\Theta(s)$，$V(s)$，$V_i(s)$，$E(s)$ とし，すべての初期値を 0 として (2.38) ～(2.41) 式をラプラス変換すると

$$\Theta(s)=\frac{k_0}{1+Ts}Q(s) \tag{2.42}$$

$$V(s)=k_1\Theta(s) \tag{2.43}$$

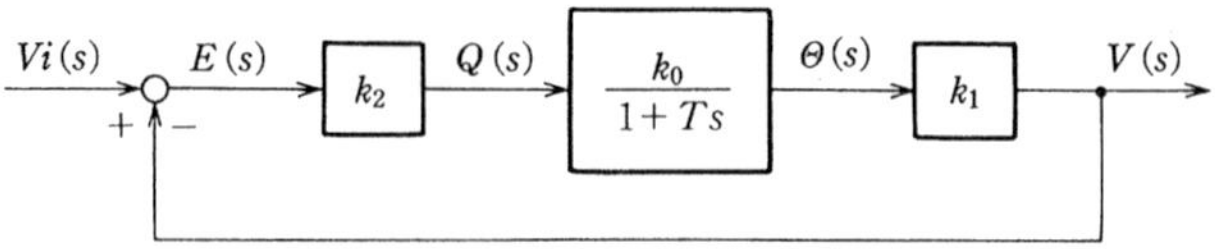

図 2.5　電熱炉（図 1.1）のブロック線図

$$E(s)=V_i(s)-V(s) \tag{2.44}$$

$$Q(s)=k_2E(s) \tag{2.45}$$

が得られる．図で 2.2 と (2.33) 式の関係を参照しながら，(2.42)～(2.45) 式をブロック線図に示すと図 2.5 のフィードバック制御系が得られる．

〔例題 2.10〕　図 2.6 の直流電動機を用いたサーボ機構を考える．目標入力角 $\theta_i(t)$ に出力角 $\theta(t)$ を追従させようとするものである．$\theta_i(t)$ と $\theta(t)$ との角度差は偏差電圧 $v_e(t)$ となり，これを増幅した $v_a(t)$ で電動機を回転させ，$\theta(t)$ を $\theta_i(t)$ に一致させようとするものである．図中の文字を用いると，導出過程は省略するが，この制御系に対しては次の一連の関係式が得られる．ここで k_0，k_1，k_2，A，R，J，D は定数である．

$$v_e(t)=k_0(\theta_i(t)-\theta(t)) \tag{2.46}$$

$$i(t)=\frac{1}{R}(Av_e(t)-k_1\omega(t)) \tag{2.47}$$

$$J\frac{d\omega(t)}{dt}+D\omega(t)=k_2i(t) \tag{2.48}$$

$$\theta(t)=\int^t\omega(t)\,dt \tag{2.49}$$

この制御系に対するブロック線図を考えよう．前の例題と同様それぞれの時間関数のラプラス変換をそれぞれの大文字で表し，すべての初期値を 0 として

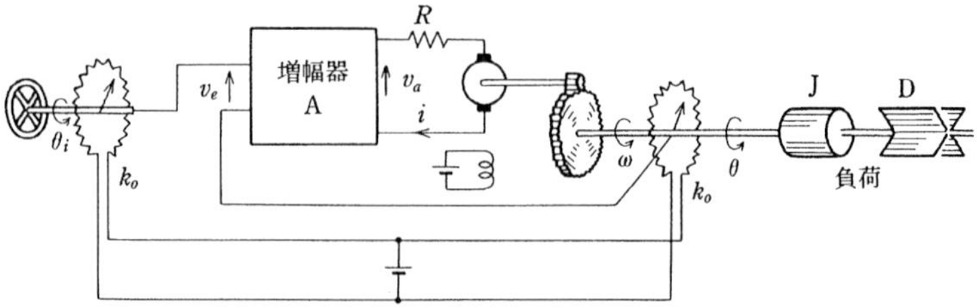

図 2.6　直流サーボ機構

(2.46)～(2.49) 式をラプラス変換すると，次式が得られる．

$$V_e(s)=k_0(\Theta_i(s)-\Theta(s)) \quad (2.50)$$

$$I(s)=\frac{1}{R}(AV_e(s)-k_1\Omega(s)) \quad (2.51)$$

$$\Omega(s)=\frac{k_2}{Js+D}I(s) \quad (2.52)$$

$$\Theta(s)=\frac{1}{s}\Omega(s) \quad (2.53)$$

図 2.2 と (2.33) 式の関係を用いて上式に対するブロック線図を作成すると図 2.7 が得られる．

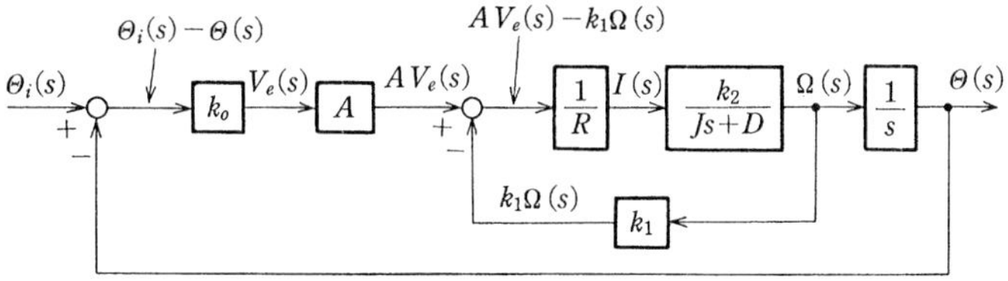

図 2.7 直流サーボ系（図 2.6）のブロック線図

2.3 ブロック線図の等価変換

制御系を解析するとき，目標入力と出力との間の伝達関数が必要となる．それを求めるための**ブロック線図の等価変換**について述べよう．

図 2.8 から図 2.13 において，(　) 内の変量が等しいという意味で (a)，(b) 図は等価である．

図 2.13 については図 2.2 と (2.33) 式の対応関係を用いると，図 (a) に対して

$$Y(s)=G(s)\{U(s)-H(s)Y(s)\} \quad (2.54)$$

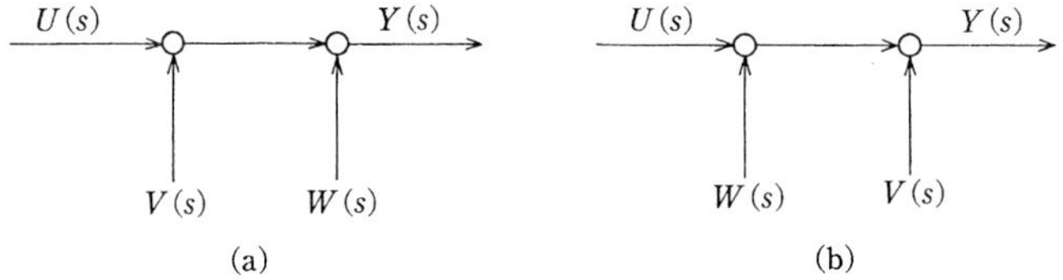

図 2.8 加算点の順序の交換（$Y(s)$）

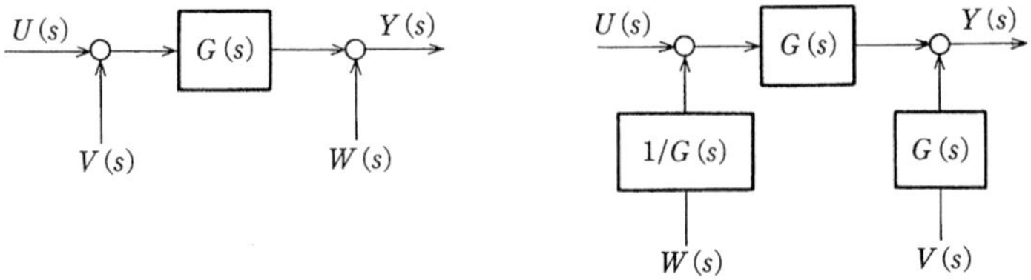

(a)　　　　(b)

図 2.9　加算点の移動（$Y(s)$）

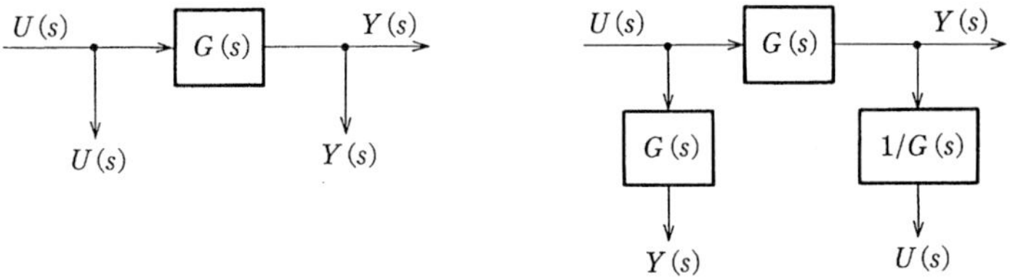

(a)　　　　(b)

図 2.10　分岐点の移動（$U(s)$，$Y(s)$）

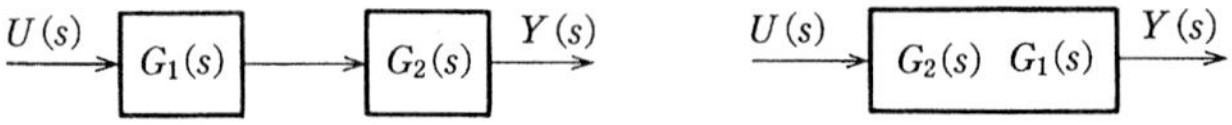

(a)　　　　(b)

図 2.11　直列接続（$Y(s)$）

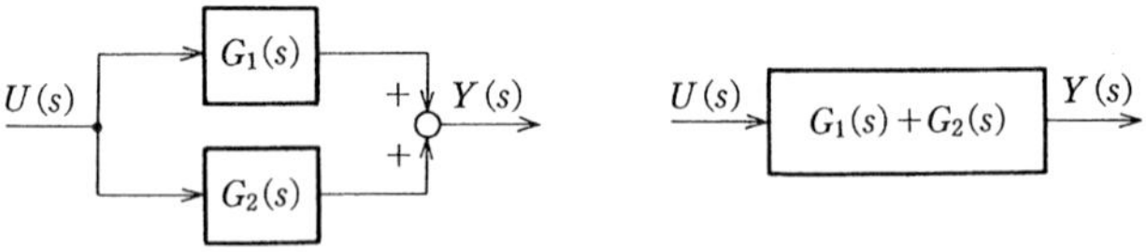

(a)　　　　(b)

図 2.12　並列接続（$Y(s)$）

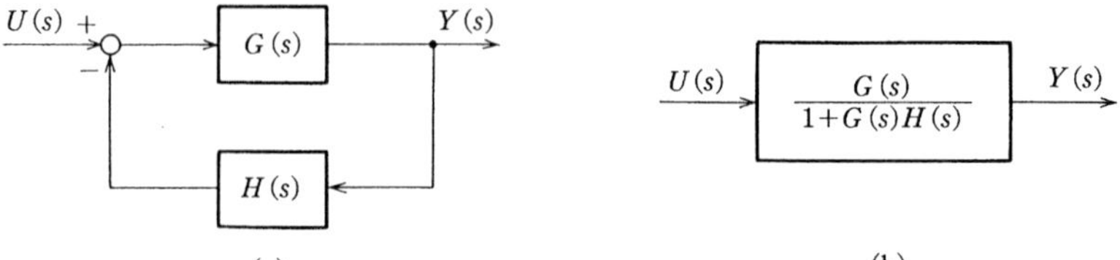

(a)　　　　(b)

図 2.13　フィードバックループの消去（$Y(s)$）

が成立する．これを整理すると

$$\frac{Y(s)}{U(s)}=\frac{G(s)}{1+G(s)H(s)} \tag{2.55}$$

が得られ，これを図示すると図(b)となる．

〔例題 2.11〕 図2.5の制御系に対する $V_i(s)$-$V(s)$ 間の伝達関数 $W(s)$ を求めよ．

〔解〕 図2.11の等価変換を用いると，図2.5は図2.13(a)において

$$G(s)=\frac{k_0k_1k_2}{1+Ts},\quad H(s)=1$$

としたものであるから，(2.55) 式より次式が得られる．

$$W(s)=\frac{V(s)}{V_i(s)}=\frac{\dfrac{k_0k_1k_2}{1+Ts}}{1+\dfrac{k_0k_1k_2}{1+Ts}}=\frac{k_0k_1k_2}{1+k_0k_1k_2+Ts}$$

これを図示すると図2.14のようになる．

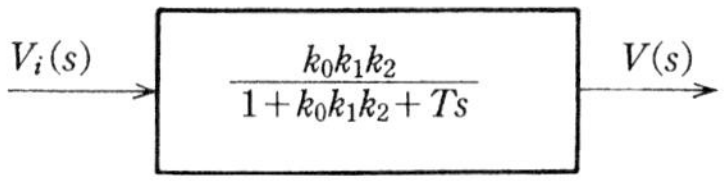

図 2.14 図2.5のブロック線図の簡略化

〔例題 2.12〕 図2.15のブロック線図に対する $U(s)$-$Y(s)$間の伝達関数 $W(s)$を求めよ．

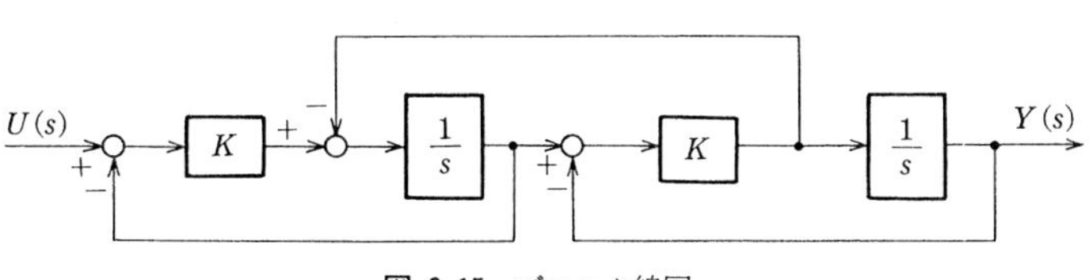

図 2.15 ブロック線図

〔解〕 図2.9，図2.10を用いると図2.15は図2.16のように等価変換される．図2.16において，点線で囲んだ部分の伝達関数を $M(s)$ とすると，図2.16は図2.17のようにかけ，これより $W(s)$は簡単に求められる．すなわち，(2.55)式を用いると，図2.16より，

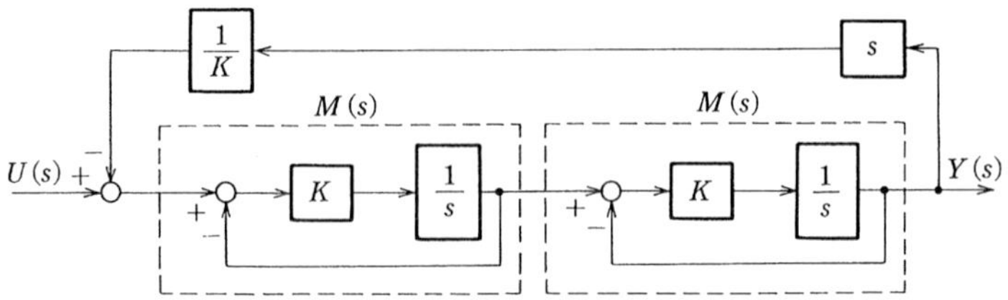

図 2.16　図 2.15 に対する加算点，分岐点の移動

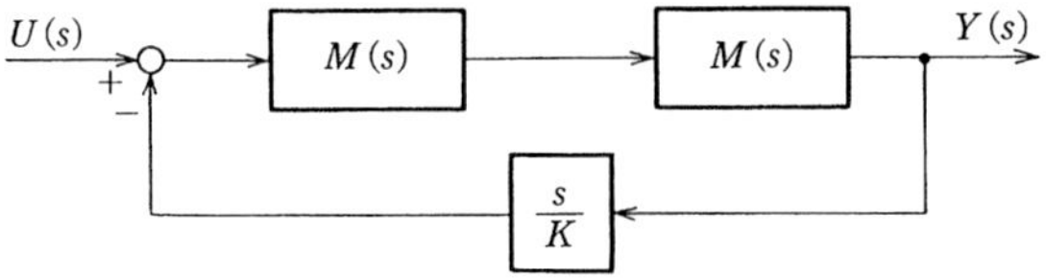

図 2.17　図 2.16 に等価なブロック線図

$$M(s)=\frac{\dfrac{K}{s}}{1+\dfrac{K}{s}}=\frac{K}{s+K}$$

となり，図 2.17 より次式が求められる．

$$W(s)=\frac{Y(s)}{U(s)}=\frac{M^2(s)}{1+M^2(s)\dfrac{s}{K}}=\frac{K^2}{(s+K)^2+Ks}$$

ここで注意しておくが，実際の制御対象が与えられたとき，それに対する物理的，化学的考察のもとに各部の動作を表す微分方程式（あるいは伝達関数）が，まずはじめに求められなければならない．これが求められるとブロック線図の等価変換によって最終的には制御対象の入出力間の伝達関数 $G(s)$ が求まり，この $G(s)$ に対して制御系の設計が行われる．このはじめの微分方程式を求める過程は実際にはそう簡単でない場合も多いが，制御系の設計理論はそれが伝達関数の形で与えられたものとして出発するのである．このことにより，電気，機械，化学における個々の分野の制御対象が抽象化でき，そのことが制御理論が全工学分野で必要となる理由となっている．すなわち，制御理論の本質は実際のものとは離れた抽象化されたところで理解されねばならない．これが従来の即物的な工学と著しく異なるところである．後に明らかになるが設計結果も伝達関数の形で与えられ，それを実際にどのような機器で実現するかは別問題である．

演　習　問　題

1．次の関数のラプラス変換を求めよ．

(1)　$e^{-\alpha t}$，(2)　$\sin\beta t$（部分積分を用いてみよ），(3)　$e^{-\alpha t}\sin\beta t$，

(4)　$\int f(t)\,dt$

2．次の関数の逆ラプラス変換を求めよ．

(1)　$\dfrac{2}{s^3+6s^2+11s+6}$，(2)　$\dfrac{13}{s(s^2+6s+13)}$，(3)　$\dfrac{13}{s^3+5s^2+17s+13}$

(4)　$\dfrac{40}{(s^2+4)(s^2+3s+2)}$，(5)　$\dfrac{145}{(s^2+4)(s^2+4s+13)}$

3．図 2.18 の制御系の $\Theta_i(s)$-$\Theta_0(s)$ 間の伝達関数を求めよ．

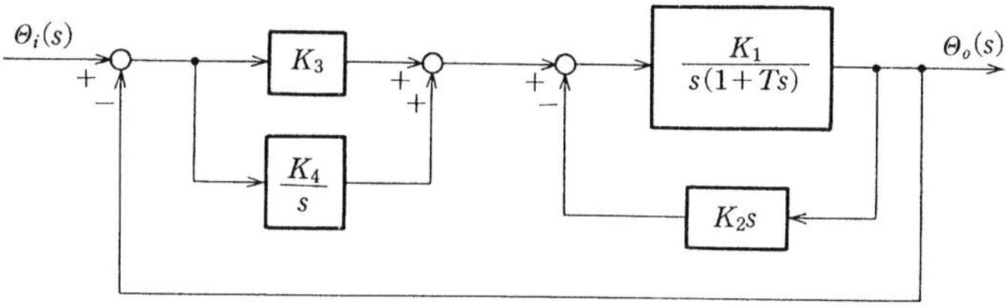

図 2.18　加算とフィードバックを含む制御系

4．図 2.19 は油圧サーボ機構の一例である．案内弁のスプールが中立位置から相対的に動いた距離を x_e，油の流量を q，その他は図中の文字を用いる．

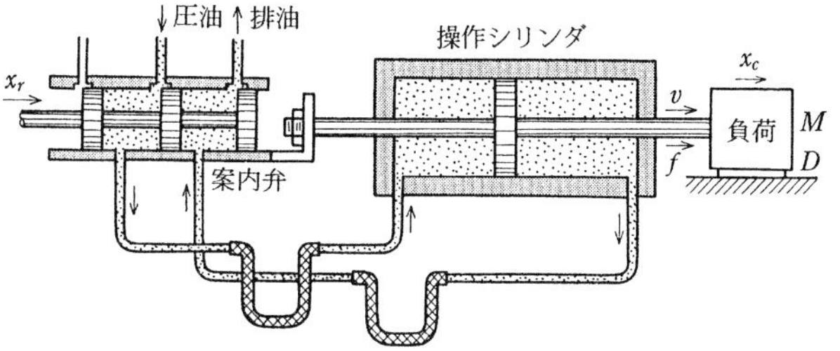

図 2.19　油圧サーボ機構[3)]

K_1，K_2，K_3 を定数とすると，図 2.19 に対して次の一連の関係式が得られる．

$$x_e(t)=x_r(t)-x_c(t)$$
$$q(t)=K_1x_e(t)-K_2f(t)$$

$$v(t)=K_3 q(t)$$

$$x_c(t)=\int^t v(t)\,dt$$

$$M\frac{dv(t)}{dt}+Dv(t)=f(t)$$

（1）　x_r を目標入力，x_c を制御量として，この関係式をブロック線図で表せ．

（2）　x_r-x_c 間の伝達関数を求めよ．

3. 伝達関数による解析

3.1 制御系の過渡応答と過渡特性

a. 各種入力に対する過渡応答

図 2.2 の制御系にいろいろな入力が入ったとき，それに対する出力の時間応答を求めることを考えよう．入力 $u(t)$ に例題 2.4 のディラックのデルタ関数（インパルス関数ともいう）が入ったときの出力応答を**インパルス応答**，入力 $u(t)$ に図 3.1 の**ステップ関数** $s(t)$

$$s(t)=\begin{cases}0 & (t<0\ のとき)\\ 1 & (t\geqq 0\ のとき)\end{cases} \tag{3.1}$$

が入ったときの出力応答を**ステップ応答**という．

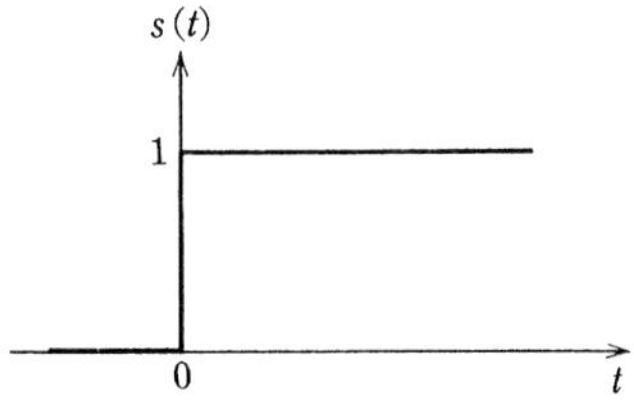

図 3.1 （単位）ステップ関数

インパルス応答は(2.33)式に(2.10)式を代入することにより

$$y(t)=\mathcal{L}^{-1}[Y(s)]=\mathcal{L}^{-1}[G(s)\Delta(s)]=\mathcal{L}^{-1}[G(s)] \tag{3.2}$$

のようになり，これは伝達関数の逆ラプラス変換 $g(t)$ となる．すなわち

$$g(t)=\mathcal{L}^{-1}[G(s)] \tag{3.3}$$

この式よりインパルス応答は，入力に依存しない制御系自身の過渡特性を表していることがわかる．インパルス応答はまた**荷重関数**あるいは**重み関数**とも呼

ばれるが，その理由については後述する．

ステップ応答は表 2.1 より，$S(s)=\mathcal{L}[s(t)]=1/s$ であるから (2.33) 式から次式により求められる．

$$y(t)=\mathcal{L}^{-1}[Y(s)]=\mathcal{L}^{-1}[G(s)S(s)]=\mathcal{L}^{-1}[G(s)/s] \qquad (3.4)$$

入力 $u(t)$ が任意の関数となったときは，$U(s)=\mathcal{L}[u(t)]$ を(2.33)式に代入し，逆変換

$$y(t)=\mathcal{L}^{-1}[Y(s)]=\mathcal{L}^{-1}[G(s)U(s)] \qquad (3.5)$$

を計算すればよいが，これは(3.3)式のインパルス応答 $g(t)$ が既知であれば

$$y(t)=\mathcal{L}^{-1}[G(s)U(s)]=\int_0^t g(t-\tau)u(\tau)d\tau=\int_0^t g(\tau)u(t-\tau)d\tau \qquad (3.6)$$

によっても求められる．この積分を**たたみ込み積分**といい，(3.6)式は s 領域の関数の積が t 領域の関数のたたみ込み積分に対応していることを示している．$g(t)$ を荷重(重み)関数というのは，たたみ込み積分が入力 $u(\tau)$ に重み $g(t-\tau)$ をかけて積分しているという意味においてである．

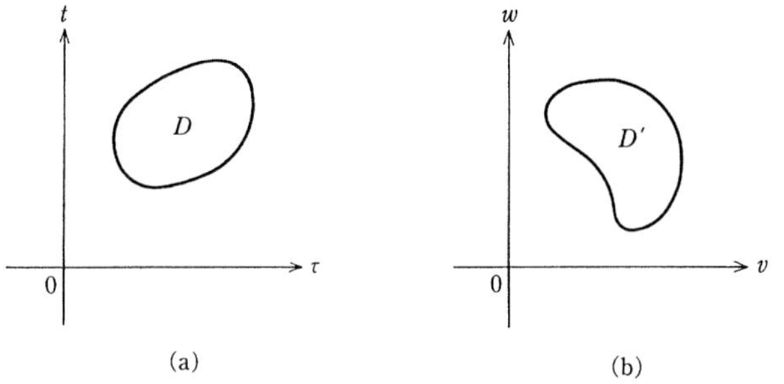

図 3.2　積分領域の対応関係

ここで(3.6)式を証明しよう．そのためには次の重積分の公式を用いる．重積分において変数(τ,t)から(v,w)への変換を

$$\begin{cases}\tau=\psi(v,w)\\ t=\phi(v,w)\end{cases}$$

によって行うと，それに伴って積分領域は図 3.2 の D から D' になるとする．こ

のとき公式

$$\iint_D f(\tau,t)\,d\tau dt=\iint_{D'} f(\psi(v,w),\ \phi(v,w))J\left(\frac{\psi,\phi}{v,w}\right)dvdw \qquad (3.7)$$

が成立する．ただし $J(\psi,\phi/v,w)$ はヤコビアンで次式のように行列式の絶対値で与えられる．

$$J\left(\frac{\psi,\phi}{v,w}\right)=\begin{vmatrix}\dfrac{\partial\psi}{\partial v} & \dfrac{\partial\phi}{\partial v}\\ \dfrac{\partial\psi}{\partial w} & \dfrac{\partial\phi}{\partial w}\end{vmatrix}\text{の絶対値} \qquad (3.8)$$

(3.6)式の証明にもどろう．(3.6)式において

$$G(s)U(s)=\int_0^\infty g(t)e^{-st}dt\int_0^\infty u(\tau)e^{-s\tau}d\tau=\int_0^\infty\int_0^\infty g(t)u(\tau)e^{-s(\tau+t)}d\tau dt \qquad (3\cdot 9)$$

となる．ここで変数変換

$$\begin{cases}\tau=\psi(v,w)=v\\ t=\phi(v,w)=w-v\end{cases} \qquad (3.10)$$

を行うと，積分領域は図 3.3 のように変換される．

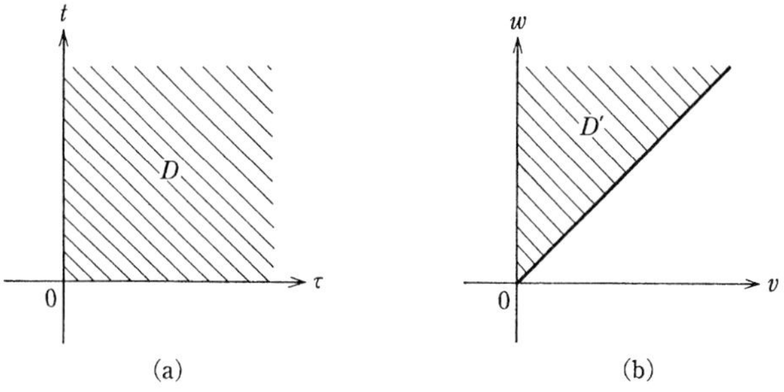

図 3.3 (3.10)式の積分領域の対応

このときヤコビアンは(3.10)式を(3.8)式に代入すると

$$J\left(\frac{\psi,\phi}{v,w}\right)=\begin{vmatrix}1 & -1\\ 0 & 1\end{vmatrix}\text{の絶対値}=1 \qquad (3.11)$$

となる．(3.10)，(3.11)式を用いて(3.7)式を適用すると，(3.9)式は

$$G(s)U(s)=\int_0^\infty\int_0^\infty g(t)u(\tau)e^{-s(\tau+t)}d\tau dt$$
$$=\int_0^\infty\left(\int_0^w g(w-v)u(v)dv\right)e^{-sw}dw$$
$$=\mathcal{L}\left[\int_0^w g(w-v)u(v)dv\right] \tag{3.12}$$

のように変形される．上式の両辺を逆ラプラス変換することにより，(3.6)式の一方が証明された．他方についても変数を交換することにより，容易に証明できる．

〔例題 3.1〕 伝達関数が $G(s)=K/(1+Ts)$ で与えられている制御系に対するインパルス応答，ステップ応答を求めよ．

〔解〕 インパルス応答 $g(t)$ は(3.3)式より次のように求められる．

$$g(t)=\mathcal{L}^{-1}\left[\frac{K}{1+Ts}\right]=\mathcal{L}^{-1}\left[\frac{K}{T}\ \frac{1}{s+1/T}\right]=\frac{K}{T}e^{-t/T} \tag{3.13}$$

ステップ応答 $y(t)$ は(3.4)式より

$$y(t)=\mathcal{L}^{-1}\left[\frac{K}{1+Ts}\ \frac{1}{s}\right]=K(1-e^{-t/T}) \tag{3.14}$$

となる．これを(3.6)式を用いて求めてみる．(3.1)(3.13)式を(3.6)式に代入すると

$$y(t)=\int_0^t\frac{K}{T}e^{-(t-\tau)/T}1dt=K(1-e^{-t/T})$$

が得られ，これは(3.14)式と一致する．

b. 基本的な制御系の過渡特性

1次遅れ系および2次遅れ系は基本となる制御系であるので，はじめにこれについて述べ，次に一般の高次系の応答について説明しよう．

1) 1次遅れ系 次式のように伝達関数の分母が s の1次式で与えられる系を1次遅れ系という．

$$G(s)=\frac{K}{1+Ts} \tag{3.15}$$

ここで T は時定数，K はゲインと呼ばれている．このインパルス応答，ステップ応答は，それぞれ(3.13)，(3.14)式で与えられる．$K=1$ としてこれを図示す

ると図3.4のようになる.

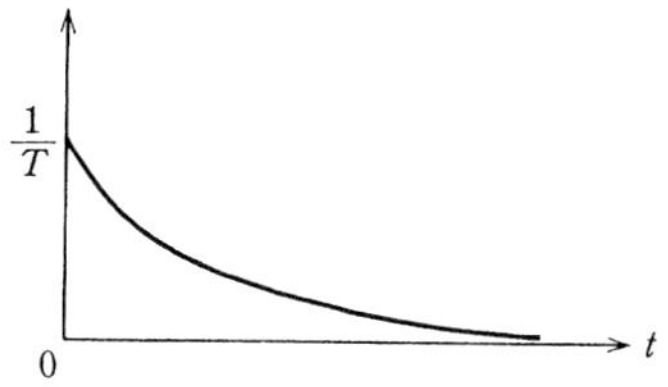

(a)　インパルス応答

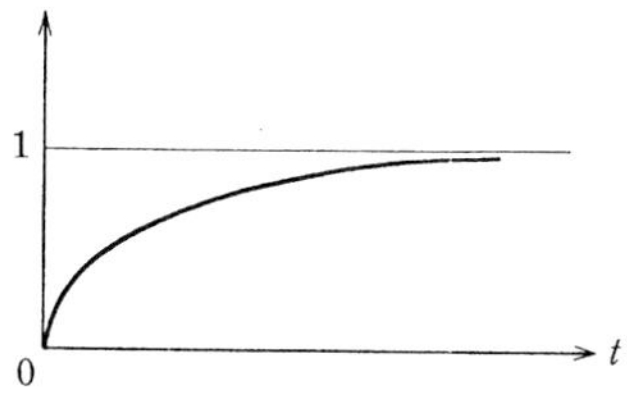

(b)　ステップ応答

図 3.4　1次遅れ系の応答

2)　2次遅れ系　伝達関数の分母が s の2次式となるものを2次遅れ系といい, その標準形には次の二つの表現がある.

$$G(s)=\frac{K}{T^2s^2+2\zeta Ts+1}=\frac{K\omega_n{}^2}{s^2+2\zeta\omega_n s+\omega_n{}^2} \tag{3.16}$$

ここで, $\zeta(\geqq 0)$ は減衰係数, $\omega_n=1/T$ は固有振動角周波数という.

(3.3)式や(3.6)式のところで述べたように, インパルス応答が制御系の過渡的振舞いにおいて基本となるので, ここでもそれについて考えよう. (3.16)式の逆ラプラス変換は表2.1によって求められ, $\zeta(\geqq 0)$ の値によって次のように分類される.

$\zeta=0$ のとき, 伝達関数の極は純虚数 $\pm i\omega_n$ となり

$$g(t)=K\omega_n\sin\omega_n t \tag{3.17}$$

$0<\zeta<1$ のとき, 極は共役複素数 $-\zeta\omega_n\pm i\omega_n\sqrt{1-\zeta^2}$ となり

$$g(t)=\frac{K\omega_n}{\sqrt{1-\zeta^2}}e^{-\zeta\omega_n t}\sin\omega_n\sqrt{1-\zeta^2}\,t \tag{3.18}$$

$\zeta=1$ のとき, 極は2重極 $-\omega_n$ となり

$$g(t)=K\omega_n{}^2te^{-\omega_n t} \tag{3.19}$$

$\zeta>1$ のとき, 極は二つの異なる実数となるが, これを α, β とすると

$$g(t)=K_1e^{\alpha t}+K_2e^{\beta t} \tag{3.20}$$

となり, これは1次遅れ系の和として表される. ただし $K_1=K\omega_n{}^2/(\alpha-\beta)$, $K_2=K\omega_n{}^2/(\beta-\alpha)$ である.

このうち，２次遅れ系として典型的な応答は，共役複素数極をもち，減衰振動をする場合であり，このときの s 平面の極の位置とインパルス応答を図 3.5 に示す．これより極の実数部が包絡線の減衰の度合いを表し，虚数部が，振動の角周波数となっていることがわかる．

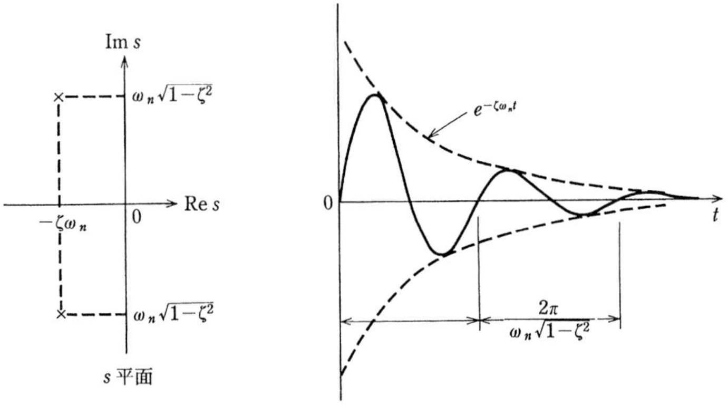

図 3.5　２次遅れ系の極とインパルス応答（$0<\zeta<1$ のとき）

3)　高　次　系　　一般の制御系の伝達関数は(2.34)式の形となることは前述したが，それをここに再掲する．

$$G(s)=\frac{D(s)}{N(s)}=\frac{b_m s^m+b_{m-1}s^{m-1}\cdots+b_1 s+b_0}{s^n+a_{n-1}s^{n-1}+\cdots+a_1 s+a_0}\quad(n>m) \tag{2.34}$$

この伝達関数の係数は実数であるので，分母多項式の根は，実根をもつ部分 $\prod_i(s+\alpha_i)$ と共役複素根をもつ部分 $\prod_j(s^2+\beta_j s+\gamma_j)$ に分解でき

$$G(s)=\frac{D(s)}{\prod_i(s+\alpha_i)\prod_j(s^2+\beta_j s+\gamma_j)} \tag{3.21}$$

と書ける．ここで α_i，β_j，γ_j は実数である．

(3.21)式を部分分数展開すれば，インパルス応答が求められるので，高次系の応答は１次遅れ系と２次遅れ系の和に帰着できることがわかる．換言すれば，１次および２次遅れ系の応答が，実係数有理関数をもつ一般の高次系の応答を網羅していることになる．

〔例題 3.2〕 (3.16)式の2次遅れ系に対するステップ応答 $y(t)$ を求め，そのグラフの概形を描け．ただし $0 \leqq \zeta \leqq 1$，$K=1$ とせよ．

〔解〕 $0<\zeta<1$ のとき，部分分数展開を用いると，次式のように求められる．

$$y(t)=\mathcal{L}^{-1}\left[\frac{\omega_n^2}{s^2+2\zeta\omega_n s+\omega_n^2}\cdot\frac{1}{s}\right]=\mathcal{L}^{-1}\left[\frac{1}{s}-\frac{s+2\zeta\omega_n}{s^2+2\zeta\omega_n s+\omega_n^2}\right]$$

$$=1-e^{-\zeta\omega_n t}\left(\cos\omega_n\sqrt{1-\zeta^2}\,t+\frac{\zeta}{\sqrt{1-\zeta^2}}\sin\omega_n\sqrt{1-\zeta^2}\,t\right)$$

$$=1-\frac{1}{\sqrt{1-\zeta^2}}e^{-\zeta\omega_n t}\sin(\omega_n\sqrt{1-\zeta^2}\,t+\theta)$$

$$\text{ただし } \theta=\tan^{-1}\frac{\sqrt{1-\zeta^2}}{\zeta} \tag{3.22}$$

$\zeta=0$ のときは

$$y(t)=\mathcal{L}^{-1}\left[\frac{\omega_n^2}{s^2+\omega_n^2}\cdot\frac{1}{s}\right]=1-\cos\omega_n t \tag{3.23}$$

$\zeta=1$ のときは

$$y(t)=\mathcal{L}^{-1}\left[\frac{\omega_n^2}{(s+\omega_n)^2}\cdot\frac{1}{s}\right]=1-e^{-\omega_n t}-\omega_n t e^{-\omega_n t} \tag{3.24}$$

(3.22)～(3.23)式の応答波形の概形を図示すると，図3.6のようになる．

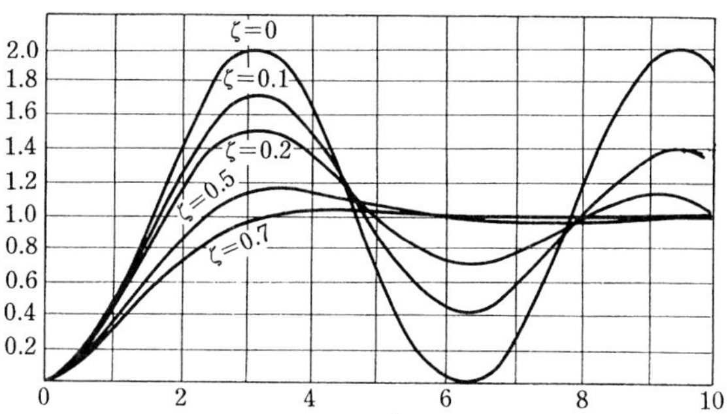

図 3.6 2次遅れ系のステップ応答[1)]

3.2　周波数伝達関数とその表示法

制御系の過渡応答は微分方程式の解によって与えられるので，制御系の過渡特性の設計は微分方程式を直接解くことによって可能である．しかし，この方法は試行錯誤的となり系統的な設計手法を与えない．そこで次に述べる周波数伝達関数を導入し，それを用いて周波数領域で制御系を設計すればかなり系統的な設計が可能となる．

a.　周波数伝達関数

伝達関数 $G(s)$ に $s=j\omega$（以後では電気工学の慣習に従い，虚数単位として i の代わりに j を用いる）を代入した $G(j\omega)$ を，**周波数伝達関数**あるいは**周波数応答**という．この物理的意味を明らかにするため，図 2.2 で入力が正弦波の場合の出力応答 $y(t)$ を求め $t\to\infty$ としてみよう．

いま $G(s)$ は(2.34)式の一般形とし，簡単のため $s_i(i=1\sim n)$ は重複しない一位の極とする．$\mathcal{L}[\sin\omega t]=\omega/(s^2+\omega^2)$ であり，s_i に対する留数を R_i(実定数)とすると

$$y(t)=\mathcal{L}^{-1}\left[G(s)\cdot\frac{\omega}{s^2+\omega^2}\right]=\mathcal{L}^{-1}\left[\frac{D(s)}{\prod_{i=1}^{n}(s-s_i)}\cdot\frac{\omega}{(s-j\omega)(s+j\omega)}\right]$$

$$=\sum_{i=1}^{n}R_ie^{s_it}+\frac{1}{2j}(G(j\omega)e^{j\omega t}-G(-j\omega)e^{-j\omega t}) \tag{3.25}$$

が得られる．$G(s)$ の極の実数部がすべて負（後述するが，このとき制御系は安定であるという）すなわち，$\mathrm{Re}\,s_i<0(i=1\sim n)$ とすると，上式右辺第 1 項は $t\to\infty$ で 0 となる．複素関数 $G(j\omega)$ の絶対値を $|G(j\omega)|=|G|$，偏角を $\arg G(j\omega)=\angle G(j\omega)=\angle G$ と略記して，極座標表示を用いると

$$G(j\omega)=|G|e^{j\angle G},\quad G(-j\omega)=|G|e^{-j\angle G} \tag{3.26}$$

とかけるから，$t\to\infty$ で(3.25)式は

$$y(t)=|G|\frac{e^{j(\omega t+\angle G)}-e^{-j(\omega t+\angle G)}}{2j}=|G|\sin(\omega t+\angle G) \tag{3.27}$$

となる．このことは図 3.7 に示すように安定な制御系 $G(s)$ に角周波数 ω の正弦波を加えたとき，$t\to\infty$（定常状態）での出力が，同じ角周波数をもつ正弦波で，その振幅が $|G(j\omega)|$，位相が $\angle G(j\omega)$ となることを意味している．このような $G(j\omega)$ は電気工学では**周波数応答**と呼ばれている．

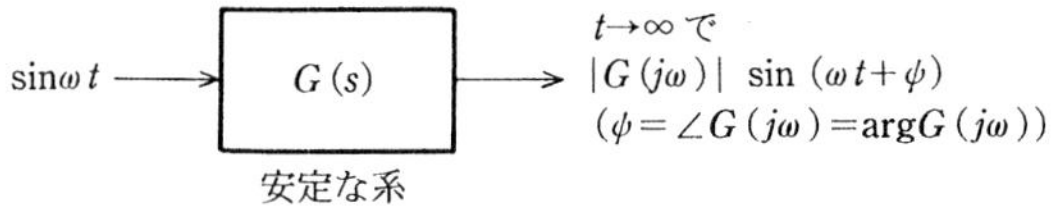

図 3.7 周波数応答

b. 周波数伝達関数の表示法

周波数伝達関数の表示法には，ベクトル軌跡，ボード（Bode）線図，ゲイン位相線図の三つが代表的であり，これについて順次述べる．最後にゲイン位相線図と関係の深いニコルス（Nichols）線図について説明する．これは直結フィードバック系の閉ループ周波数伝達関数を開ループ周波数伝達関数から求めるためのものであり，制御系の設計のさいに利用されるものである．

1）**ベクトル軌跡**　周波数伝達関数 $G(j\omega)$ は複素数値をとるので，その値を角周波数 ω が 0 から ∞ に対して $G(j\omega)$（複素）平面に描いたものを $G(j\omega)$ の**ベクトル軌跡**という．

いま $G(j\omega)$ の実数部を $\mathrm{Re}G(j\omega)$，虚数部を $\mathrm{Im}G(j\omega)$ として，$G(j\omega)$ の直角座標と極座標表示の関係を示しておく．

$$G(j\omega)=\mathrm{Re}G(j\omega)+j\mathrm{Im}G(j\omega)=x+jy=re^{j\theta} \tag{3.28}$$

$$|G(j\omega)|=r=\sqrt{x^2+y^2},\quad \angle G(j\omega)=\theta=\tan^{-1}(y/x)$$

$$\mathrm{Re}G(j\omega)=x=r\cos\theta,\ \mathrm{Im}G(j\omega)=y=r\sin\theta \tag{3.29}$$

〔例題 3.3〕 次の周波数伝達関数のベクトル軌跡を描け．

$$G(j\omega)=\frac{K}{1+j\omega T} \tag{3.30}$$

〔解〕 はじめに

$$G_1(j\omega)=\frac{1}{1+j\omega T} \tag{3.31}$$

のベクトル軌跡を描き，それを K 倍することを考える．(3.29) 式を用いると(3.31)式より

$$G_1(j\omega)=\frac{1}{1+\omega^2T^2}+j\frac{-\omega T}{1+\omega^2T^2}=x+jy \tag{3.32}$$

となり，実数部，虚数部はそれぞれ

$$x=\frac{1}{1+\omega^2T^2},\quad y=\frac{-\omega T}{1+\omega^2T^2} \tag{3.33}$$

となる．各 ω の値に対して，x，y を計算し，それを $G_1(j\omega)$平面に描けばよい．いまの場合は(3.33)式より

$$\left(x-\frac{1}{2}\right)^2+y^2=\left(\frac{1}{2}\right)^2 \tag{3.34}$$

が導けるので，このベクトル軌跡は中心(1/2, 0)，半径1/2の円上になる．さらに ω を0から$+\infty$まで変化させたとき，(3.33)式より虚数部は常に負であることから，(3.31)式のベクトル軌跡は図3.8 (a) のように下半円であることがわかる．これを K 倍すると，図3.8 (b) のようになり，これが求める (3.30) 式のベクトル軌跡である．

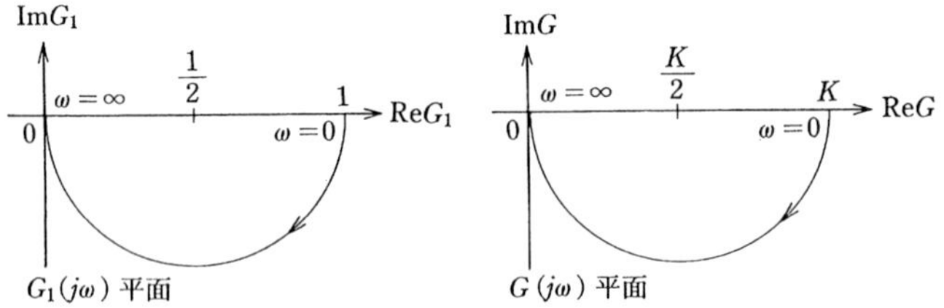

(a)　$G_1(j\omega)=\dfrac{1}{1+j\omega T}$　　(b)　$G(j\omega)=\dfrac{K}{1+j\omega T}$

図 3.8　ベクトル軌跡

2）　ボード線図　　ボード線図はゲイン曲線と位相曲線の二つからなり，横軸はともに角周波数 ω の対数目盛とし，縦軸をデシベルゲイン $20\log_{10}|G(j\omega)|$ (dB)としたものを**ゲイン曲線**，位相角 $\angle G(j\omega)$ (°) としたものを**位相曲線**という．

ボード線図は以下の例題にみるように，その概形を簡単に描くことができる．

また伝達関数の積 $G(j\omega)=G_1(j\omega)G_2(j\omega)$ のボード線図が

$$20\log_{10}|G(j\omega)|=20\log_{10}|G_1(j\omega)|+20\log_{10}|G_2(j\omega)| \tag{3.35}$$

$$\angle G(j\omega)=\angle G_1(j\omega)+\angle G_2(j\omega) \tag{3.36}$$

により，それぞれのボード線図の和（伝達関数の商の場合は差）をとれば簡単に求められるという利点もある．

〔例題 3.4〕 (3.30)式に対するボード線図を描け．

〔解〕 (3.30)式を二つの積 $G(j\omega)=G_1(j\omega)G_2(j\omega)$ と考えると

$$G_1(j\omega)=\frac{1}{1+j\omega T} \tag{3.31}$$

$$G_2(j\omega)=K \tag{3.37}$$

とかける．(3.37) 式のボード線図は

$$20\log_{10}|G_2(j\omega)|=20\log_{10}K\,(\mathrm{dB}) \tag{3.38}$$

$$\angle G_2(j\omega)=0\,(°) \tag{3.39}$$

により図 3.9 のようになる．

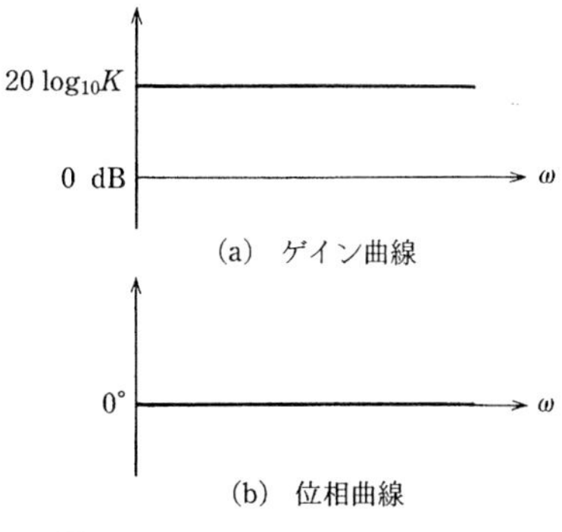

図 3.9　$G_2(j\omega)=K$ のボード線図

次に(3.31)式の 1 次遅れ系のボード線図を描くため，まずゲイン曲線を考える．

$$20\log_{10}|G_1(j\omega)|=-10\log_{10}(1+\omega^2T^2) \tag{3.40}$$

より

$$\omega T\ll 1 \text{ のとき}\quad 20\log_{10}|G_1(j\omega)|=0\,(\mathrm{dB}) \tag{3.41}$$

$$\omega T=1 \text{ のとき}\quad 20\log_{10}|G_1(j\omega)|=-10\log_{10}2=-3.01(\mathrm{dB}) \tag{3.42}$$

$$\omega T\gg 1 \text{ のとき}\quad 20\log_{10}|G_1(j\omega)|=-20\log_{10}\omega T(\mathrm{dB}) \tag{3.43}$$

が得られる．これよりゲイン曲線は図 3.10（a）のように，$\omega T \ll 1$ のときは 0 (dB)の漸近線，$\omega T \gg 1$ のときは -20 dB/dec(ωT が 10 倍ごとに 20 dB 下がる)のこう配をもつ漸近線に漸近する．そしてこの二つの漸近線の交点は $\omega T=1$ のときで，このとき真のゲインは交点より 3.01（dB）下がっている．

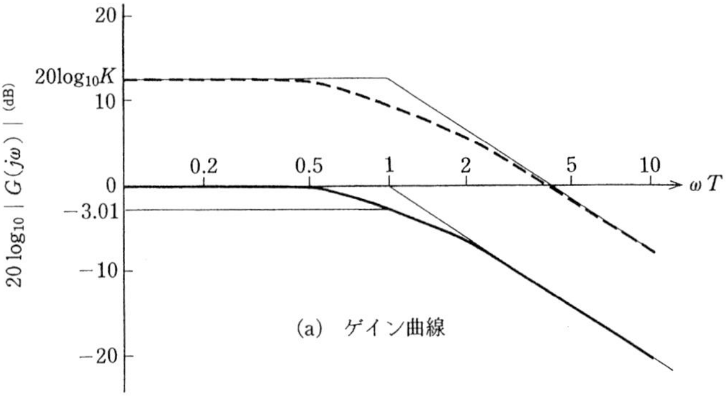

(a)　ゲイン曲線

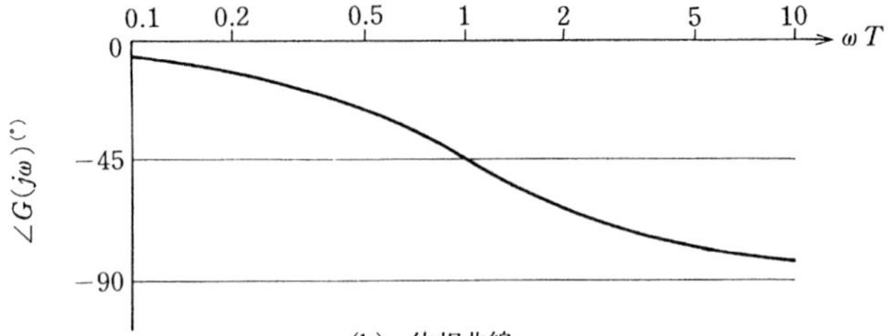

(b)　位相曲線

図 3.10　$G_1(j\omega)=\dfrac{1}{1+j\omega T}$ のボード線図

位相曲線については

$$\angle G_1(j\omega)=-\tan^{-1}\omega T \tag{3.44}$$

より

$$\omega T\ll 1 \text{ のとき}\qquad \angle G_1(j\omega)=0(°) \tag{3.45}$$

$$\omega T=1 \text{ のとき}\qquad \angle G_1(j\omega)=-45(°) \tag{3.46}$$

$$\omega T \gg 1 \text{ のとき} \qquad \angle G_1(j\omega) = -90(°) \tag{3.47}$$

となるので，これを図示すると図 3.10 (b) のようになる．

(3.30)式に対するボード線図は(3.35)(3.36)式より，図 3.10 に図 3.9 を加えることにすると，位相曲線は図 3.10 (b) のままで変化せず，ゲイン曲線は $20\log_{10}K$(dB)だけ上下に平行移動すればよいので，図 3.10 (a) の点線のようになる．

〔例題 3.5〕 次の 2 次遅れ系の伝達関数に対するボード線図を描け．

$$G(s) = \frac{1}{T^2s^2 + 2\zeta Ts + 1}$$

〔解〕 ゲイン曲線については

$$|G(j\omega)| = \frac{1}{\sqrt{(1-(\omega T)^2)^2 + (2\zeta\omega T)^2}} \tag{3.48}$$

より

$$\omega T \ll 1 \text{ のとき} \quad 20\log_{10}|G(j\omega)| = 0\,(\text{dB}) \tag{3.49}$$

$$\omega T = 1 \text{ のとき} \quad 20\log_{10}|G(j\omega)| = -20\log_{10}2\zeta\,(\text{dB}) \tag{3.50}$$

$$\omega T \gg 1 \text{ のとき} \quad 20\log_{10}|G(j\omega)| = -40\log_{10}\omega T\,(\text{dB}) \tag{3.51}$$

が得られる．これよりゲイン曲線は図 3.11 (a) のようになり，$\omega T \ll 1$ では 0 (dB)の直線，$\omega T \gg 1$ では -40(dB/dec)のこう配をもつ直線に漸近する．二つの漸近線の交点は，$\omega T = 1$ の点となり，そのときのゲインは $-20\log_{10}2\zeta$ となり，ζ $(0 \leqq \zeta \leqq 1)$ の値によって大幅に変化する．

位相曲線については

$$\angle G(j\omega) = -\tan^{-1}\frac{2\zeta\omega T}{1-(\omega T)^2}$$

より

$$\omega T \ll 1 \text{ のとき，} \qquad \angle G(j\omega) = 0(°)$$

$$\omega T = 1 \text{ のとき，} \qquad \angle G(j\omega) = -90(°)$$

$$\omega T \gg 1 \text{ のとき，} \qquad \angle G(j\omega) = -180(°)$$

が得られ，この概形は図 3.11 (b) のようになる．

3） ゲイン位相線図　　角周波数 ω をパラメータとして，縦軸に $20\log_{10}$

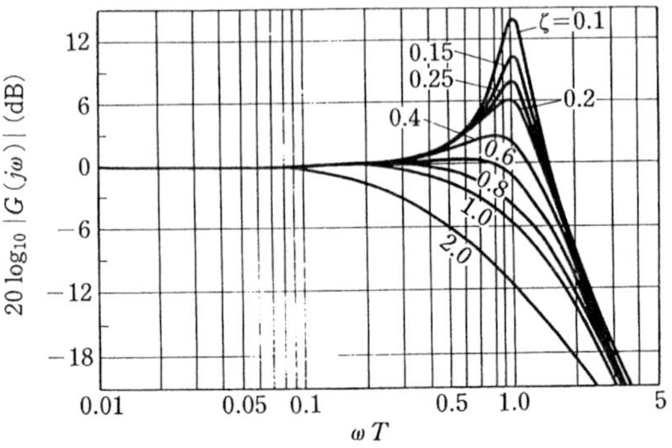

(a)　ゲイン曲線

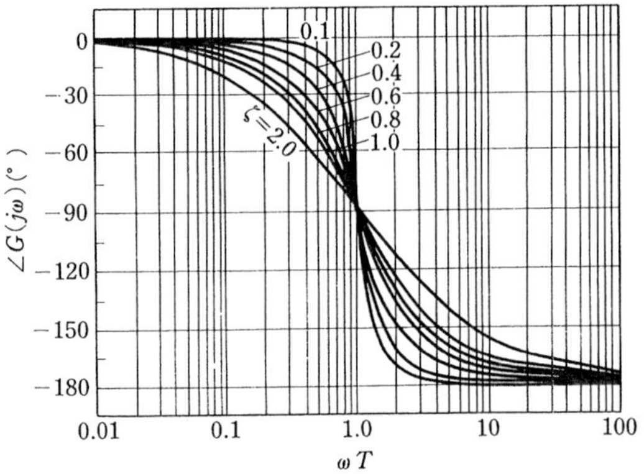

(b)　位相曲線

図 3.11　$G(j\omega)=\dfrac{1}{1+2\zeta T(j\omega)+T^2(j\omega)^2}$ のボード線図[1)]

$|G(j\omega)|$(dB)，横軸に $\angle G(j\omega)$(°)をとったものを**ゲイン位相線図**という．その一例を図 3.12 に示す．縦軸はデシベルゲインの代わりに単にゲイン $|G(j\omega)|$ とすることもある．

伝達関数の積 $G(j\omega)=G_1(j\omega)\,G_2(j\omega)$ のゲイン位相線図は，(3.35)(3.36)式より，同一角周波数に対して $G_1(j\omega)$ と $G_2(j\omega)$ のゲイン位相線図のベクトル和をとればよいことがわかる．

4)　ニコルス線図　　図 3.13 の直結フィードバック系の $U(s)$ と $Y(s)$ 間の閉ループ系の伝達関数 $W(s)$ は次式で与えられる．

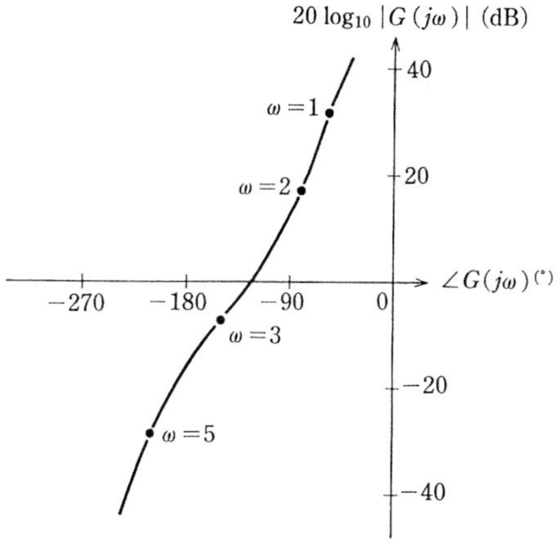

図 3.12 ゲイン・位相線図の例

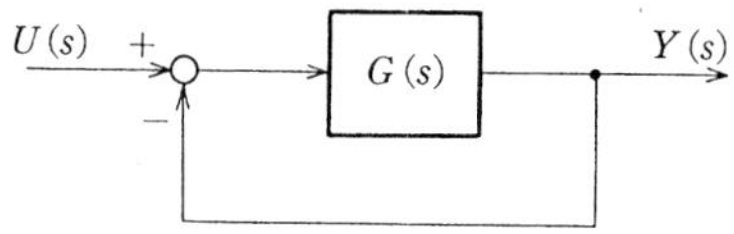

図 3.13 直結フィードバック系

$$W(s)=\frac{G(s)}{1+G(s)} \tag{3.52}$$

このとき開ループ伝達関数 $G(s)$ のゲイン位相線図より，閉ループ伝達関数 $W(s)$ のゲインおよび位相を読み取れるように目盛づけしたものを**ニコルス線図**という．いま極座標表示を用いて

$$G(j\omega)=re^{j\theta} \tag{3.53}$$

$$W(j\omega)=Me^{j\varphi} \tag{3.54}$$

とすると，(3.52)式の逆数をとることにより，次式が得られる．

$$\frac{1}{M}e^{-j\varphi}=1+\frac{1}{r}e^{-j\theta} \tag{3.55}$$

この式の実数部と虚数部を個別に等置すると

$$\begin{cases} \dfrac{1}{M}\cos\varphi=1+\dfrac{1}{r}\cos\theta \\ \dfrac{1}{M}\sin\varphi=\dfrac{1}{r}\sin\theta \end{cases} \tag{3.56}$$

が得られる．この 2 式より，φ を消去して r について解くと

$$r=\frac{M^2}{1-M^2}\cos\theta\pm\sqrt{\frac{M^4}{(1-M^2)^2}\cos^2\theta+\frac{M^2}{1-M^2}} \tag{3.57}$$

が得られ，M を消去して r について解くと次式が得られる．

$$r=\sin\theta\cot\varphi-\cos\theta \tag{3.58}$$

(3.57)式において，$M=M_1$ と一定にしたときの (r,θ) の関係をゲイン位相線図にプロットすれば，$M=M_1$ の曲線ができる．この M_1 の値を種々変えることにより，ゲイン位相線図上に曲線群が描け，これが M の目盛となる．(図 3.14 参照)．同様に(3.58)式についても φ を一定としたときの (r,θ) の関係を，φ の種々の値に対してゲイン位相線図上にプロットすれば，φ の目盛ができる．このようにゲイン位相線図上に M と φ の目盛を重ねたものを**ニコルス線図**といい，その一例を図 3.14 に示す．これによれば，開ループ伝達関数のゲイン位相線図より，ただちに閉ループ伝達関数のゲインと位相を読み取ることができる．

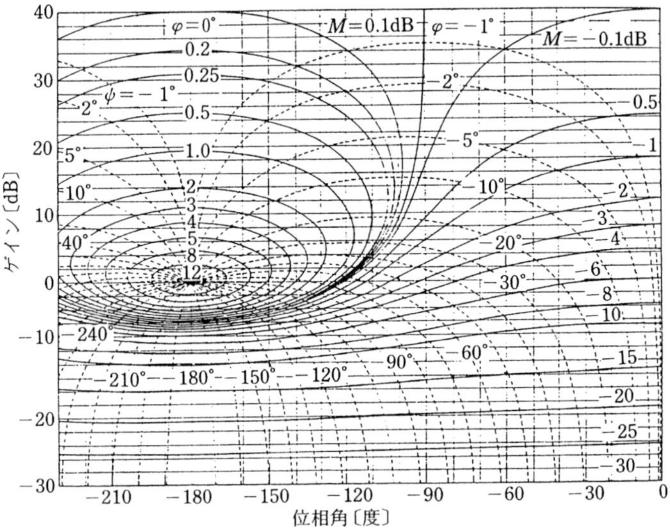

図 3.14　ニコルス線図[2)]

3.3 安定判別法

a. 安定性と特性方程式

3.1節b項で述べたように，重み関数(インパルス応答)は，制御系固有の過渡特性を表している．重み関数が $t\to\infty$ で0に収束すれば，その制御系は**安定**であるという．逆に $t\to\infty$ で発散すれば，その制御系は**不安定**であるという．この二つの境界すなわち重み関数が持続振動をするとき，その制御系は**安定限界**にあるという．

重み関数と伝達関数の極の関係を考えると，制御系はその伝達関数の極 s_i の実数部が，負($\mathrm{Re}\, s_i<0$)ならば安定，正($\mathrm{Re}\, s_i>0$)ならば不安定，0($\mathrm{Re}\, s_i=0$)ならば安定限界となる．

図3.15の閉ループ系を考えよう．このとき

$$G_0(s)=G(s)H(s) \tag{3.59}$$

を**一巡伝達関数**あるいは**開ループ伝達関数**という．閉ループ伝達関数 $W(s)$ は(2.55)式より

$$W(s)=\frac{G(s)}{1+G(s)H(s)} \tag{3.60}$$

となる．このとき

$$1+G(s)H(s)=0 \quad すなわち \quad 1+G_0(s)=0 \tag{3.61}$$

を閉ループ系の**特性方程式**，その根を**特性根**という．その由来は，この特性根が閉ループ伝達関数 $W(s)$ の極と一致し，閉ループ系の過渡特性を支配するか

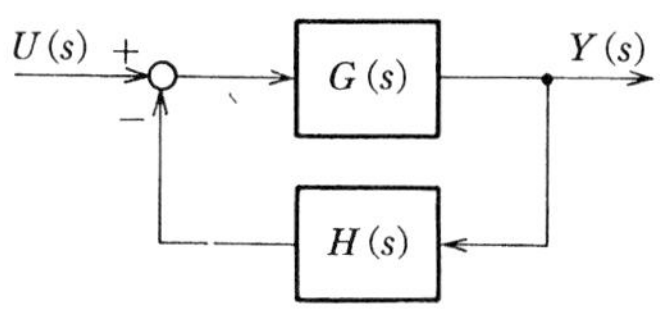

図 3.15 フィードバック制御系

らである．それを次に示そう．

$$G(s)=\frac{B(s)}{A(s)},\quad H(s)=\frac{D(s)}{C(s)} \tag{3.62}$$

とおき，(3.61)式に代入すると

$$1+\frac{B(s)}{A(s)}\cdot\frac{D(s)}{C(s)}=0 \tag{3.63}$$

が得られ，特性根は次式を満たす．

$$A(s)C(s)+B(s)D(s)=0 \tag{3.64}$$

他方(3.62)式を(3.60)式に代入すると

$$W(s)=\frac{B(s)C(s)}{A(s)C(s)+B(s)D(s)} \tag{3.65}$$

となり，$W(s)$の極が(3.64)式の特性根と一致することがわかる．

(3.64)式の左辺は s の多項式であり，これを閉ループ系の**特性多項式**という．これは閉ループ伝達関数 $W(s)$の分母多項式でもある．

以上の準備のもとに，制御系の安定判別法として代表的なフルビッツ（Hurwitz）の判別法とナイキスト（Nyquist）の判別法について述べる．

b.　フルビッツの安定判別法

前節で述べたように，制御系が安定であるためにはその特性方程式のすべての根の実数部が負であればよい．

これを判別するすぐれた方法の一つにフルビッツの安定判別法がある．

いま，特性方程式が n 次の実係数方程式

$$a_0s^n+a_1s^{n-1}+\cdots+a_{n-1}s+a_n=0 \tag{3.66}$$

で与えられたとする．記憶しやすいようにするため，ここでは下添字の順序を(2.34)式とは逆にしていることに注意せよ．

フルビッツの安定判別定理：次の二つの条件を満足すれば，(3.66)式のすべての根の実数部は負となる．

(a)　係数 a_i（$i=0\sim n$）はすべて同符号（以下では正とする）である．

(b)　次のようなフルビッツ行列式 H_j（$j=1\sim n-1$）がすべて正である．ただし

$$H_1=a_1$$

$$H_2=\begin{vmatrix} a_1 & a_3 \\ a_0 & a_2 \end{vmatrix}$$

$$H_j=\begin{vmatrix} a_1 & a_3 & a_5 & a_7 \cdots\cdots a_{2j-1} \\ a_0 & a_2 & a_4 & a_6 \cdots\cdots a_{2j-2} \\ 0 & a_1 & a_3 & a_5 \cdots\cdots a_{2j-3} \\ 0 & a_0 & a_2 & a_4 \cdots\cdots a_{2j-4} \\ 0 & 0 & a_1 & a_3 \cdots\cdots a_{2j-5} \\ 0 & 0 & a_0 & a_2 \cdots\cdots a_{2j-6} \\ \vdots & \vdots & \vdots & \vdots \quad\quad \vdots \\ 0 & 0 & 0 & 0 \ \cdots\cdots a_j \end{vmatrix} \tag{3.67}$$

特性方程式を求めれば，この定理によって極めて簡単に制御系の安定判別が可能となる．この定理の証明は数学的にかなり高度となるのでここでは省略する．

〔例題 3.6〕 図3•16のフィードバック系が安定となるKの値を求めよ．

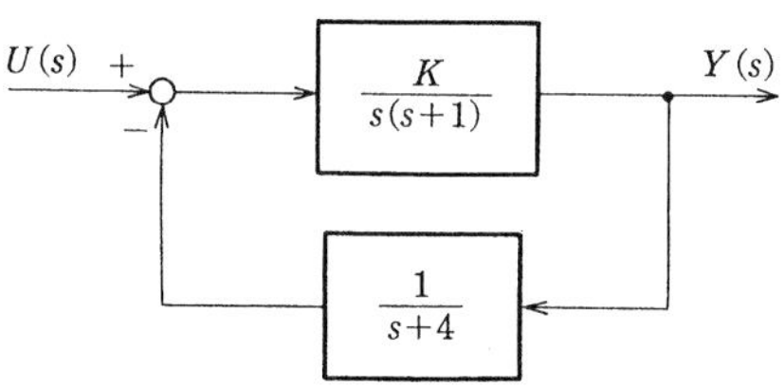

図 3.16 例題3.6の系

〔解〕 この閉ループ系に対する特性方程式は

$$1+\frac{K}{s(s+1)(s+4)}=0$$

すなわち

$$s^3+5s^2+4s+K=0$$

となる．これを(3.66)式と比較すると，$a_0=1$，$a_1=5$，$a_2=4$，$a_3=K$ となる．

フルビッツの条件(a)より

$$K>0 \tag{3.68}$$

が得られ，条件(b)より

$$H_2=\begin{vmatrix} a_1 & a_3 \\ a_0 & a_2 \end{vmatrix}=\begin{vmatrix} 5 & K \\ 1 & 4 \end{vmatrix}=20-K>0 \tag{3.69}$$

が得られる．(3.68)(3.69)式より安定な K の範囲は $0<K<20$ となる．

c. ナイキストの安定判別法

図 3.15 のフィードバック制御系に対して，(3.59)式の開ループ伝達関数 $G_0(s)$ のベクトル軌跡を描くことによって，閉ループ系の安定判別をしようとするものがナイキストの安定判別法である．これについての証明は省略し，もっとも簡単な結果のみを次に述べる．

ナイキストの安定判別法：図 3.15 のフィードバック系において，一巡伝達関数 $G_0(s)$ は虚軸上を除いた複素右半面に極をもたないものとする．このとき $G_0(j\omega)$ の $\omega=0$ から∞まで変化させたときのベクトル軌跡が，$G_0(j\omega)$ 複素平面上の点$(-1+j0)$を左にみれば閉ループ系は安定，右にみれば不安定，点上を通れば安定限界となる．

この様子を図 3.17 に示す．この安定判別法にちなんでベクトル軌跡のことを**ナイキスト軌跡**とも呼ぶ．

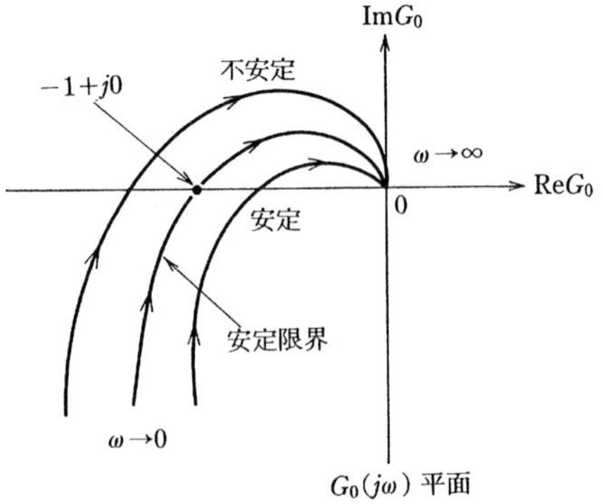

図 3.17　ナイキストの安定判別法

3.4 根軌跡法

図3.15のフィードバック系において，一巡伝達関数 $G_0(s)=G(s)H(s)$ をゲインのみを別にして，$KG_0(s)=KG(s)H(s)$ とかき直す．この $G_0(s)$ が与えられたとき，ゲイン K の0から∞までの変化に対応した閉ループ系の極（特性方程式の根）の軌跡を（特性）根軌跡といい，これを用いて閉ループ制御系の設計をすることを**根軌跡法**という．根軌跡を描くためのいくつかの基本的な法則について次に説明しよう．

図3.15の閉ループ系に対する伝達関数 $W(s)$ は

$$W(s)=\frac{KG(s)}{1+KG_0(s)} \tag{3.70}$$

となり，その特性方程式は

$$1+KG_0(s)=0,\quad \text{あるいは}\quad KG_0(s)=-1+j0 \tag{3.71}$$

となる．いま開ループ伝達関数 $G_0(s)$ の極を $p_i\,(i=1\sim n)$，零点を $z_i\,(i=1\sim m)$ として

$$G_0(s)=\frac{\prod_{i=1}^{m}(s-z_i)}{\prod_{i=1}^{n}(s-p_i)} \tag{3.72}$$

$$\begin{cases} s-z_i=|s-z_i|e^{j\alpha_i} & (i=1\sim m) \\ s-p_i=|s-p_i|e^{j\beta_i} & (i=1\sim n) \end{cases} \tag{3.73}$$

とすると，(3.71)式は次のようにもかける．

$$\prod_{i=1}^{n}(s-p_i)+K\prod_{i=1}^{m}(s-z_i)=0 \tag{3.74}$$

あるいは

$$K|G_0(s)|=\frac{K\prod_{i=1}^{m}|s-z_i|}{\prod_{i=1}^{n}|s-p_i|}=1 \tag{3.75}$$

$$\angle G_0(s)=\sum_{i=1}^{m}\alpha_i-\sum_{i=1}^{n}\beta_i=(2l+1)\pi \quad (l=0,\pm1,\pm2,\cdots) \tag{3.76}$$

根軌跡上の点 s は特性方程式の根であるから，それは(3.71)式あるいは(3.74)～(3.76)式を満足している．

法則 1　根軌跡は連続曲線である．

（証明）　代数方程式の根はその係数の連続関数であるから，係数Kを 0 から∞まで連続的に変化させたときの根軌跡も s の複素平面上の連続曲線となる．

法則 2　根軌跡は実軸に対して対称である．

（証明）　(3.74)式の特性方程式は実係数であるから，複素根は必ず共役になることから明らかである．

法則 3　実軸上の根軌跡上の点は，その右側に開ループ伝達関数の極と零点を奇数個もつような点である．

（証明）　開ループ伝達関数の極や零点が複素数となるときは共役となるので，これが実軸上の根軌跡上の点 s となす角は，図 3.18 に示すように互いに打消し合う．したがって，このとき(3.76)式の偏角の条件は，実軸上の開ループ伝達関数の極と零点に対してのみ考えればよい．実軸上の点 s と，その左側にある極や零点との間の偏角は 0 であり，その右側にあるものとの間の偏角は π である．したがって，(3.76)式を満たすためには，s の右側には極と零点が奇数個なければならない．

法則 4　根軌跡の出発点($K=0$)は，開ループ伝達関数の極であり，根軌跡の

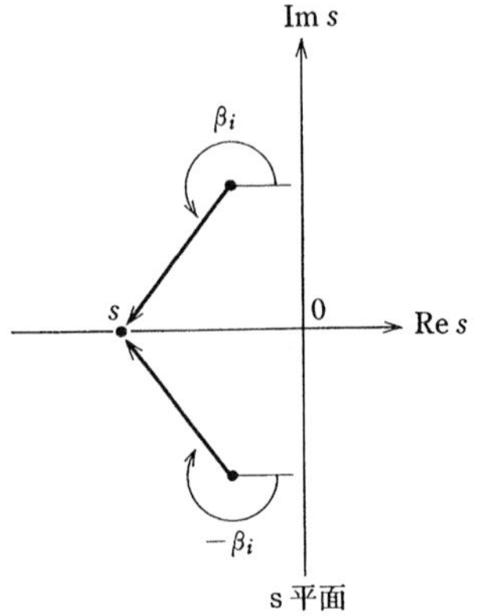

図 3.18　共役極の打消し合い

数は極の数に等しい．

（証明） 前半は(3.74)式で $K=0$ とし，後半は(3.74)式が s の n 次の方程式であることから明らかである．

法則 5 根軌跡の終点($K=\infty$)は，開ループ伝達関数の m 個の零点と $n-m$ 個の無限遠点である．この無限遠点と実軸のなす角 β は次式となる．

$$\beta=\frac{(2l+1)\pi}{n-m} \quad (l=0,\ \pm1,\ \pm2,\ \cdots) \tag{3.77}$$

さらに $n-m\geqq2$ のとき，無限遠点の根軌跡上の点を単位質量の質点とみなすと，その重心の位置 r_g は

$$r_g=\frac{1}{n-m}\left(\sum_{i=1}^{n}p_i-\sum_{i=1}^{m}z_i\right) \tag{3.78}$$

で与えられ，これは実軸上に存在する．

（証明） (3.74)式で $K=\infty$ とすると，m 個の零点 z_i はこの方程式を満たすので根軌跡の終点となり，$n>m$ のとき残りの$(n-m)$個の終点は無限遠点 $|s|\to\infty$ にいく．このとき(3.72)式より $KG_0(s)\to K/s^{n-m}$ となり，これを(3.71)式に代入して $s^{n-m}=-K$ が得られる．$s=|s|e^{j\beta}$ とすれば，この式に対する偏角の条件より(3.77)式が得られる．

さらに，$n-m\geqq2$ のときは(3.74)式は

$$s^n-\left(\sum_{i=1}^{n}p_i\right)s^{n-1}+\cdots=0 \tag{3.79}$$

とかけるから，特性方程式の根の総和は $\sum_{i=1}^{n}p_i$ で与えられる．このうち $K=\infty$ で z_i にいく m 個を除いた残りの無限遠点にいく$(n-m)$個を r_i ($i=1\sim n-m$) とおくと

$$\sum_{i=1}^{n}p_i=\sum_{i=1}^{m}z_i+\sum_{i=1}^{n-m}r_i$$

が成立し，これより r_i の重心 $r_g=\sum_{i=1}^{n-m}\frac{r_i}{n-m}$ は(3.78)式となる．これが実軸上にあることは p_i，z_i が複素数のときは，共役対で現れることより明らかである．

法則 6　根軌跡の実軸からの分岐点（および実軸へ入る点）s_b は次式を満たす．

$$\sum_{i=1}^{n}\frac{1}{s_b-p_i}=\sum_{i=1}^{m}\frac{1}{s_b-z_i} \tag{3.80}$$

（証明）　分岐点 s_b では特性方程式は重根をもつから，(3.71)式を s で微分して 0 とおくことにより

$$\left[\frac{dG_0(s)}{ds}\right]_{s=s_b}=0$$

が得られる．K が有限のときは $G_0(s_b)=-1/K\neq 0$ であるから，上式を用いて

$$\left[\frac{d\ln G_0(s)}{ds}\right]_{s=s_b}=\left[\frac{1}{G_0(s)}\cdot\frac{dG_0(s)}{ds}\right]_{s=s_b}=0$$

が得られる．上式に(3.72)式を代入すると(3.80)式が得られる．

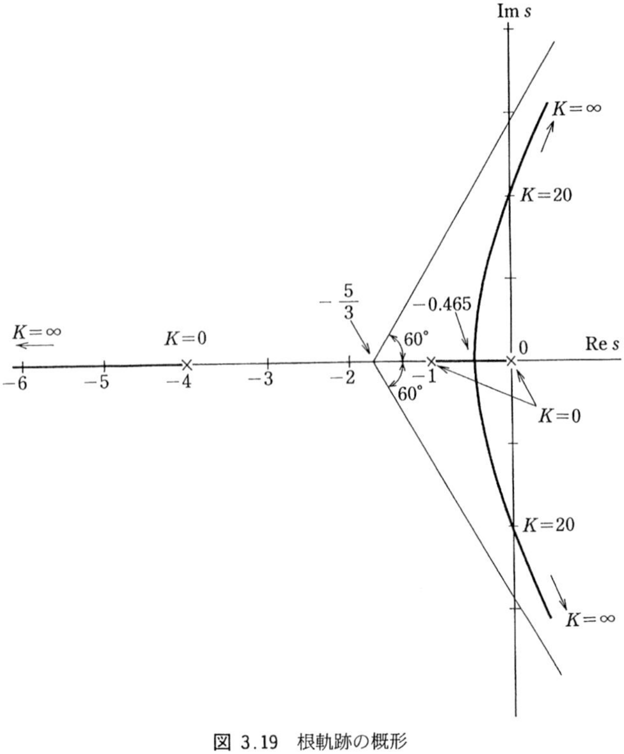

図 3.19　根軌跡の概形

〔例題 3.7〕 図 3.15 において

$$G_0(s)=\frac{1}{s(s+1)(s+4)} \tag{3.81}$$

としたときの根軌跡の概形を描け.

〔解〕開ループ伝達関数に零点はなく，極は 0，−1，−4 の 3 個であり，これが法則 4 より根軌跡の出発点($K=0$)となる.法則 3 より実軸上の根軌跡は図 3.19 のように[$-\infty$ -4][-1 0]に存在する.

法則 5 より根軌跡の終点($K=\infty$)は 3 個とも無限遠点となり，(3.77)式より $\beta=\pi/3$，π，$5\pi/3$，(3.78)式より $r_g=-5/3$ となる．さらに法則 6 の(3.80)式を満たす分岐点は約 $s_b=-0.465$ となる.

この例題の特性方程式は例題 3.6 と同じになるので，例題 3.6 の結果より根軌跡が実軸を横切る安定限界の K の値は 20 となる.以上の結果を用いて,根軌跡の概形を描くと図 3.19 となる.

3.5 過渡特性の評価

いままで制御系の過渡状態に関する解析を行ってきたが，制御系設計のさいに具体的な設計仕様となりうる評価量としては,次のようなものがあげられる.

1) 特 性 根　3.1 節 b 項で述べたように，制御系の過渡応答を支配するものは伝達関数の極すなわち特性根であり，その実数部（負の値とする）は指数関数的減衰の速さ，虚数部は正弦波振動の角周波数を表す．虚軸に最も近い特性根による応答が最も遅くまで残り，過渡応答に対して支配的となるので，この根を**代表特性根**という.

望ましい過渡応答とはある程度の速さで指数関数的に減衰し，かつその減衰の度合に比べて正弦波振動の角周波数が大きすぎず過度に振動的でないものがよい．したがって，特性根の望ましい存在領域は図 3.20 の斜線部のようになり，特性根がこの領域に入るように制御系の設計を行えばよい.

また 3.1 節 b 項で述べたように，減衰係数 ζ も過渡応答の減衰振動の度合い

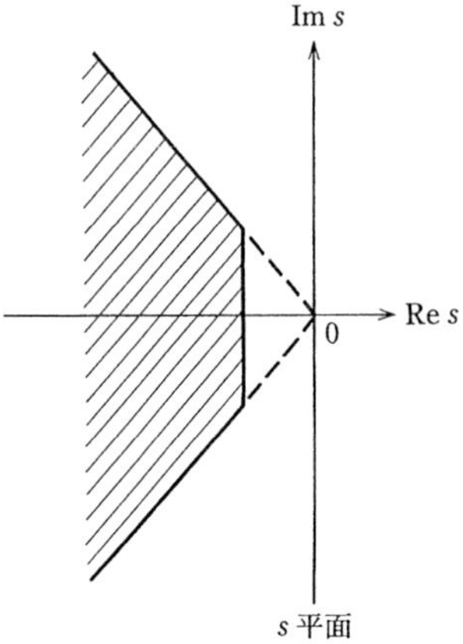

図 3.20　望ましい特性根の領域

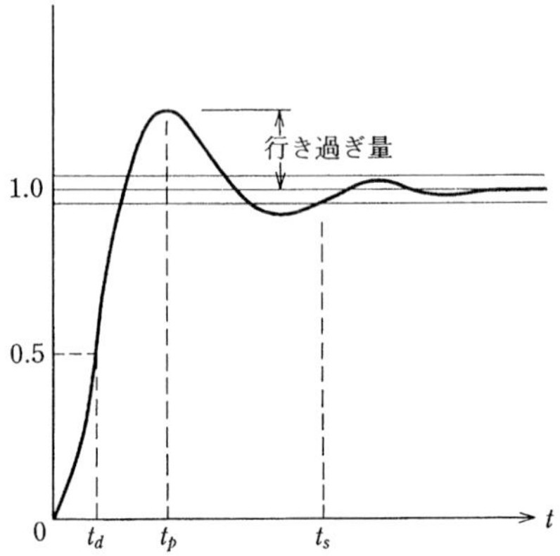

図 3.21　ステップ応答に対する過渡特性量

を表す一つの尺度となり，経験的に

追値制御系に対しては，$\zeta=0.6\sim0.8$

定値制御系に対しては，$\zeta=0.2\sim0.4$

がよいといわれている．

2)　**ステップ応答**　　ステップ応答は一定値の設定が瞬間的になされるとしたとき（このとき設定入力はステップ関数で表せる）の制御量（出力）の時間応答とみなせ，制御問題発祥の動機づけとなったものである．それに対する主な特性量は，図 3.21 に示されている次のようなものである．

遅れ時間 t_d**：**　応答が最終値の 50 %にはじめて達するまでの時間

行き過ぎ時間 t_p**：**　応答が最大値に達するまでの時間

整定時間 t_s**：**　応答が最終値の ±5%（あるいは±2%）に入ってしまうまでの時間

行き過ぎ量：　応答の最大値と最終値との差

3)　**位相余有，ゲイン余有**　　図 3.15 のフィードバック系に 3.3 節 c 項のナイキストの安定判別法を適用すると，一巡周波数伝達関数 $G_0(j\omega)$ のベクトル軌跡に対して，点 $(-1+j0)$ が安定限界であった．安定な閉ループ系のこの安定限界までの余有を示したものが，位相余有，ゲイン余有である．

(3.61)式の特性方程式に $s=j\omega$ を代入することにより，安定限界では次の二つの条件が成立している．

$$|\,G_0(j\omega)\,|=1 \tag{3.82}$$

$$\angle G_0(j\omega)=-180^\circ \tag{3.83}$$

図 3.22 において，α は位相余有と呼ばれ，$|\,G_0(j\omega_1)\,|=1$ なる ω_1 に対して次式で定義される．

$$\alpha=180^\circ+\angle G_0(j\omega_1) \tag{3.84}$$

これは安定限界の絶対値に関する条件 (3.82) 式が成り立ったとき，偏角が安定限界までどのくらいの余有があるかを示した量である．

ゲイン余有 g は $\angle G_0(j\omega_2)=-180^\circ$ なる ω_2 に対して

$$g=20\log_{10}1-20\log_{10}|\,G_0(j\omega_2)\,|=-20\log_{10}\overline{0P} \tag{3.85}$$

で定義され，これは (3.83) 式の偏角に関する条件が満たされたとき，(3.82) 式の絶対値の安定限界までの余有を示している．

図 3.22 において点 P を位相交点，点 Q をゲイン交点と呼ぶ．

図 3.23 にボード線図上での位相余有，ゲイン余有を示す．

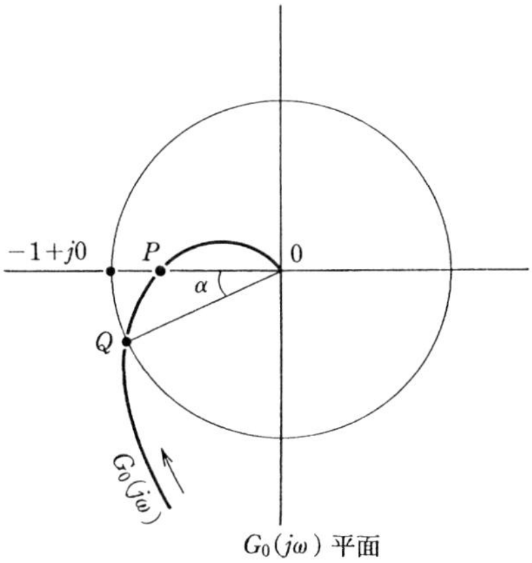

図 3.22　ベクトル軌跡上の位相余有とゲイン余有

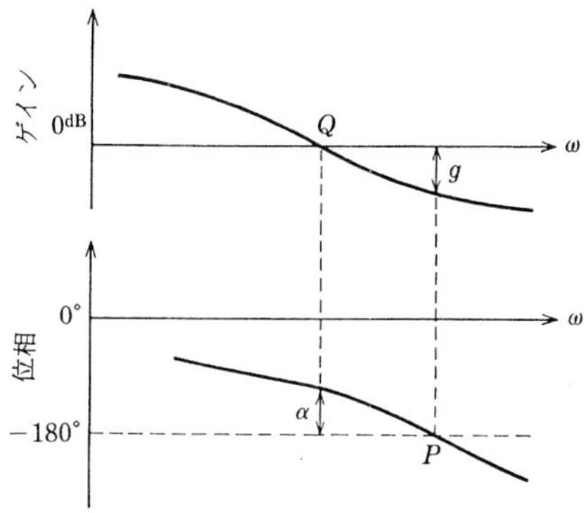

図 3.23　ボード線図上の位相余有とゲイン余有

設計のときは経験的に

追値制御のとき，位相余有 40～60°，ゲイン余有 10～20(dB)

定値制御のとき，位相余有 20°以上，ゲイン余有 3～10(dB)

がよいといわれている．

4) ピークゲイン，ピーク周波数　図 3.24 の閉ループ系のボード線図のゲイン曲線において，その最大値 M_p を**ピークゲイン**，そのときの角周波数 ω_p を**ピーク角周波数**という．この値は図 3.13 の直結フィードバック系に対しては，図 3.25 のようにニコルス線図より容易に求めることができる．

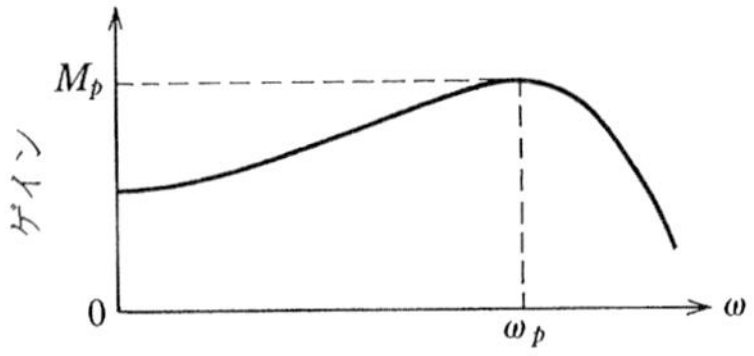

図 3.24　閉ループ系のゲイン曲線

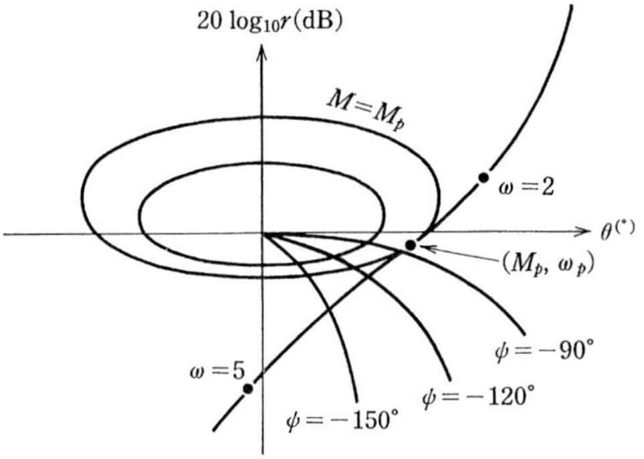

図 3.25　ニコルス線図上の ω_p と M_p

3.6　定常特性の評価

1.3 節で述べたように，制御系の設計目標は，過渡特性と定常特性を仕様に合せることであったが，今までの記述のほとんどは過渡特性に関するものであった．定常特性に関する説明は本節ではじめて行うが，それだけで十分説明でき，このことは定常特性の取り扱いが過渡特性に比べれば極めて簡単であることを示している．

図 3.26 のように目標入力 $U(s)$ と外乱 $D(s)$ が加わったときの偏差 $E(s)$ は容易に求められ

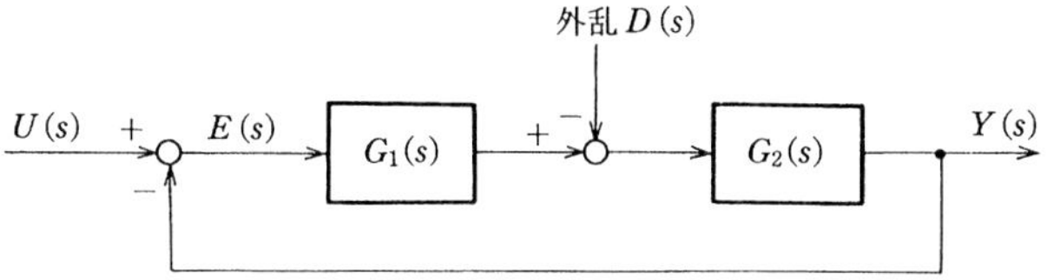

図 3.26 外乱をもつ直結フィードバック系

$$E(s)=\frac{1}{1+G_1(s)G_2(s)}U(s)+\frac{G_2(s)}{1+G_1(s)G_2(s)}D(s) \qquad (3.86)$$

となる．第1項は目標入力，第2項は外乱に関する項である．定常偏差は，制御系が安定ならば(2.6)式の最終値の定理を(3.86)式に適用して

$$\lim_{t\to\infty}e(t)=\lim_{s\to 0}sE(s) \qquad (3.87)$$

によりただちに求められる．

外乱を0としたとき，ステップ入力 ($U(s)=1/s$)，ランプ入力あるいは定速度入力 ($U(s)=1/s^2$)，定加速度入力 ($U(s)=1/s^3$) に対する定常偏差をそれぞれオフセットあるいは**定常位置偏差** (ε_p)，**定常速度偏差** (ε_v)，**定常加速度偏差** (ε_a) という．

〔例題 3.8〕 図3.26において

$$G_1(s)G_2(s)=\frac{K}{s(1+Ts)} \qquad (3.88)$$

としたとき，目標入力に対する定常偏差を求めよ．

〔解〕 $D(s)=0$ として(3.86)式に(3.88)式を代入すると

$$E(s)=\frac{s(1+Ts)}{s(1+Ts)+K}U(s) \qquad (3.89)$$

となる．これより定常位置偏差 ε_p は $U(s)=1/s$ を上式に代入し，(3.87)式を用いると

$$\varepsilon_p=\lim_{s\to 0}sE(s)=\lim_{s\to 0}s\cdot\frac{s(1+Ts)}{s(1+Ts)+K}\cdot\frac{1}{s}=0$$

となる．同様にして定常速度偏差，定常加速度偏差は次のようになる．

$$\varepsilon_v=\lim_{s\to 0}sE(s)=\lim_{s\to 0}s\cdot\frac{s(1+Ts)}{s(1+Ts)+K}\cdot\frac{1}{s^2}=\frac{1}{K}$$

$$\varepsilon_a = \lim_{s \to 0} sE(s) = \lim_{s \to 0} s \cdot \frac{s(1+Ts)}{s(1+Ts)+K} \cdot \frac{1}{s^3} = \infty$$

図 3.26 を目標入力はそのままにし，$E(s)$を出力として書きなおすと図 3.27 が得られる．ここでフィードバックループの伝達関数を $G_f(s)$ とすると，$G_f(s) = G_1(s)G_2(s)$ となっている．いまこの $G_f(s)$ を

$$G_f(s) = F(s)/s^l \tag{3.90}$$

とする．ただし $F(s)$ は原点に極および零点をもたない s の有理関数とする．このとき，$l=0$, 1, 2 となる系をそれぞれ目標入力に対して **0 型の系**，**1 型の系**，**2 型の系**という．例題 3.8 の系は，目標入力に対して 1 型の系で $\varepsilon_p = 0$，ε_ν = 定数，$\varepsilon_a = \infty$ となった．同様な計算により，目標入力に対して 0 型の系は ε_p = 定数，$\varepsilon_\nu = \varepsilon_a = \infty$，目標入力に対して 2 型の系は，$\varepsilon_p = \varepsilon_\nu = 0$，$\varepsilon_a$ = 定数となることがわかる．

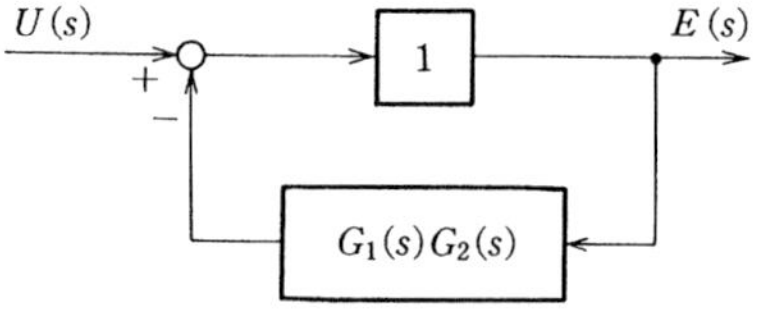

図 3.27　$E(s)$ を出力としたブロック線図

図 3.26 の外乱 $D(s)$については，これを入力，$E(s)$を出力としたときのフィードバックループの伝達関数は，$G_f(s) = G_1(s)$となる．これが(3.90)式のようにかけたとして，目標入力のときと同様の議論をすると外乱に対して 0 型の系，1 型の系，2 型の系が考えられる．

このように目標入力あるいは外乱に対する定常偏差は，伝達関数がわかれば，最終値の定理を用いてただちに求められ，定常特性は極めて簡単に検討できることがわかる．

演 習 問 題

1．(3.6)式のたたみ込み積分公式のうち，本文で証明していないほうの証明を行え．

2．(3.17)〜(3.20)式で表される 2 次遅れ系のインパルス応答の概形を描き，四つの場合の ζ の値に対する応答波形の移り変りを吟味せよ．

3．図 3.28 において，目標入力に $r(t)=\sin\omega t$ が加わったときの出力応答 $y(t)$ を求めよ．さらに $t\to\infty$ とした結果は，図 3.7 あるいは(3.27)式と一致することを吟味せよ．

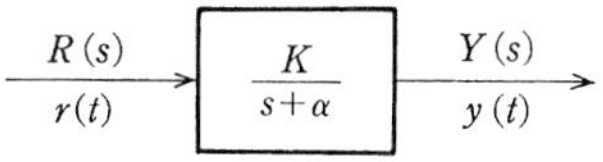

図 3.28

4．次の伝達関数に対する周波数応答のベクトル軌跡を描け．

（1）$\dfrac{1}{s}$,　（2）$1+Ts$,　（3）e^{-LS}（むだ時間要素という）

5．次の伝達関数に対する周波数応答のボード線図の概形を描け．

（1）$\dfrac{1}{s}$,　（2）$1+Ts$,　（3）e^{-LS},　（4）$\dfrac{K}{s(1+Ts)}$

6．(3.57)，(3.58)式を導け．

7．目標値に対する 0 型，2 型の系の定常位置，速度，加速度偏差を求めよ．

8．図 3.29 の閉ループ系が安定となるための α，K の領域を α-K 平面に図示せよ．

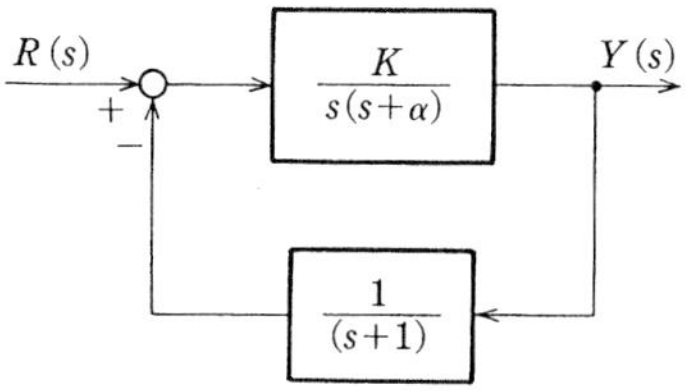

図 3.29

9．開ループ伝達関数 $G_0(s)=\dfrac{K}{s(1+10s)(1+s)}$ をもつ閉ループ系で

（1）ゲイン余有が 10(dB) となるような K の値を求めよ．

（2）位相余有が 30(°) となるような K の値を求めよ．

10. 一巡伝達関数 $KG_0(s)=\dfrac{K(s+4)}{s(s+2)}$ に対する根軌跡を描け.

11. 図 3.30 のフィードバック系に対し

(1) ステップ応答 $y(t)$ を求めよ.

(2) 目標入力 $R(s)$ に対する定常位置(ε_p)および速度(ε_v)偏差を求めよ.

(3) 外乱 $D(s)$ に対する ε_p, ε_v を求めよ.

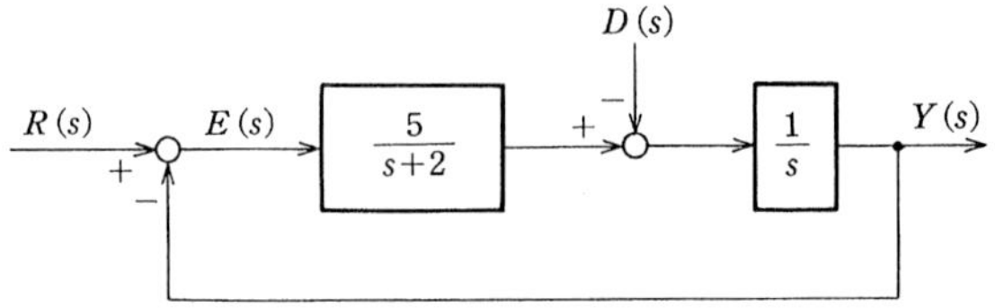

図 3.30

4. 伝達関数による制御系設計

4.1 直列補償とフィードバック補償

制御系の設計目標は，1章で述べたように過渡特性と定常特性を設計仕様に合せることである．その代表的な方法には，**直列補償**と**フィードバック補償**がある．

直列補償法は図 4.1 のように，制御対象が与えられたときそのまえに直列に補償要素を接続し，出力特性を所望のものにしようとするものである．この直列補償要素には，位相補償要素と PID 調節計があり，これに対してはある程度系統的な設計法があるので，それについては順次述べていく．

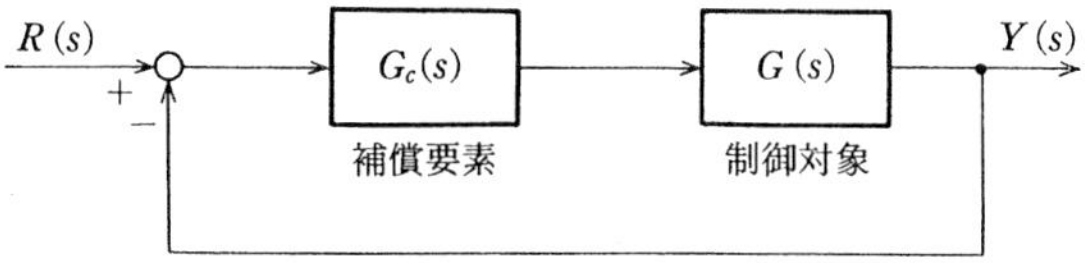

図 4.1　直列補償法

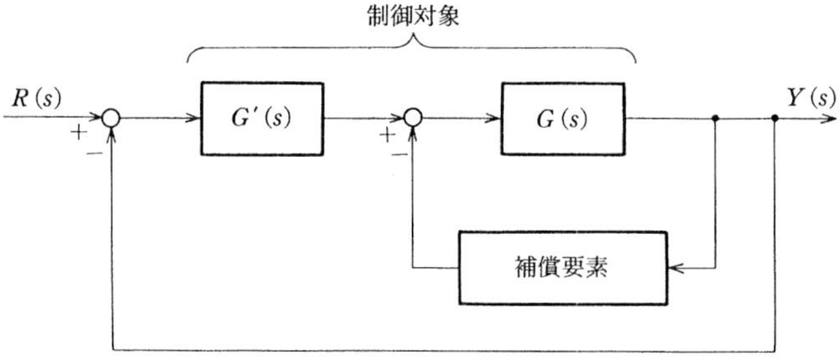

図 4.2　フィードバック補償

フィードバック補償法は図 4.2 に示すように，制御対象の一部のフィードバックループに補償要素を挿入することにより，出力特性を所望のものにしようとするものである．この方法は制御対象ごとに個別に考えねばならず，系統的な設計法はない．

4.2　直列補償要素とその特性

a.　位相補償要素

位相補償要素には位相進み要素と位相遅れ要素がある．位相進み要素の周波数伝達関数を $G_1(j\omega)$ とすると，それは

$$G_1(j\omega)=\frac{\alpha(1+j\omega T_1)}{1+j\omega\alpha T_1}\quad(\alpha<1) \tag{4.1}$$

で与えられる．そのボード線図は α をパラメータとして図 4.3 のようになり，

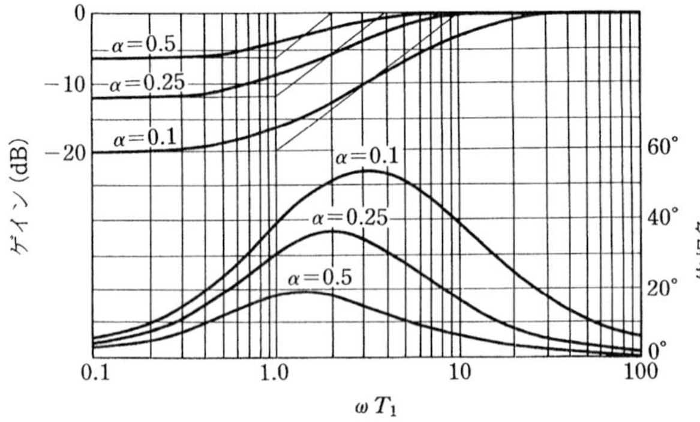

図 4.3　位相進み要素のボード線図[1)]

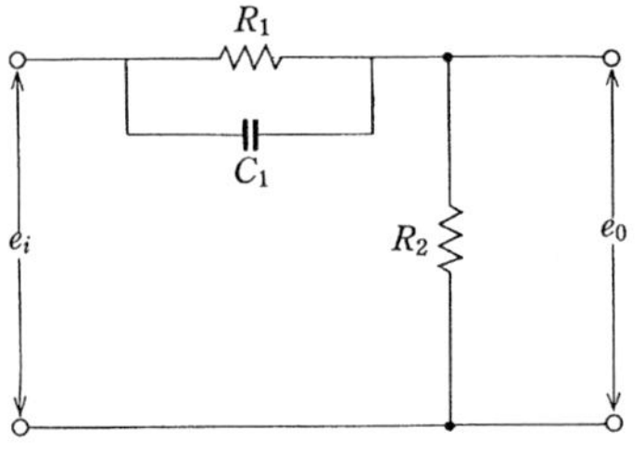

図 4.4　位相進み補償要素の実現

その名の示す通り位相は常に正である．またこの伝達特性は，たとえば図 4.4 のように電気的には抵抗とコンデンサーで簡単に実現可能である．

図 4.3 のゲイン曲線よりわかるように，この要素は高周波部分のゲインが高くなっている．すなわち変化の速い高周波成分の信号をよく通過させる（これを高域通過特性という）ので，制御系設計においては過渡特性の改善に効果がある．

なお(4.1)式のままでは，ゲインが常に 1 より小さいが，設計のさいはゲイン調整によってゲインを適当に大きくできる．これによって図 4.3 のゲイン曲線のみが上側に平行移動するだけである．また，ゲイン曲線の漸近線の折点周波数は $\omega T_1=1$ と $\omega T_1=1/\alpha$ であり，制御系設計のときは $\omega T_1=1$ あたりより高周波数域で特性変動を与えようとするものである．

位相遅れ要素の周波数伝達関数を $G_2(j\omega)$ とすると，それは

$$G_2(j\omega)=\frac{1+j\omega T_2}{1+j\omega\beta T_2}\quad(\beta>1) \tag{4.2}$$

で与えられる．そのボード線図は β をパラメータとして図 4.5 のようになり，その名の示す通り位相は常に遅れている．またこの伝達特性は図 4.6 のように電気的には簡単に実現できる．

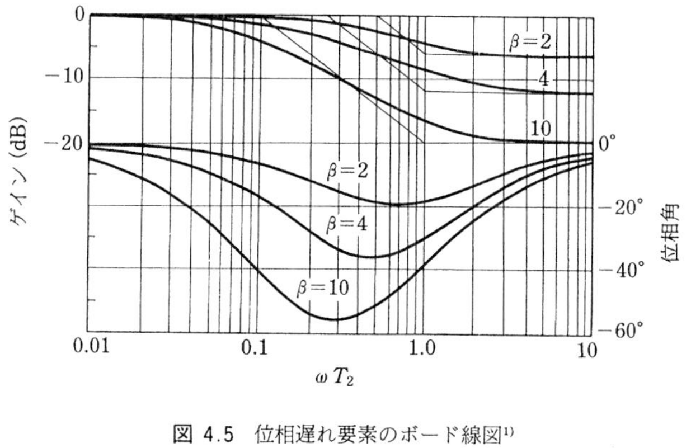

図 4.5　位相遅れ要素のボード線図[1)]

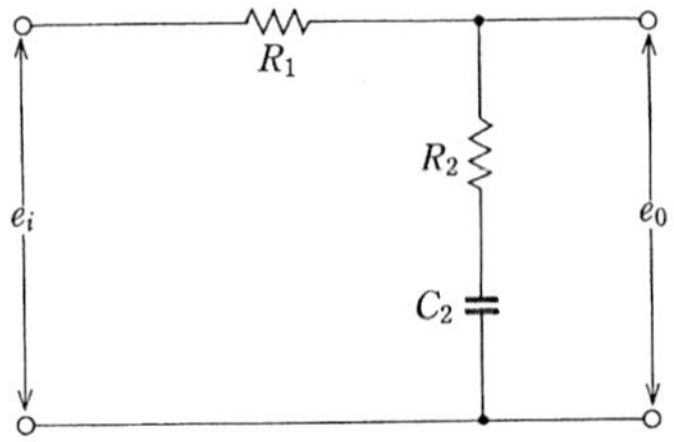

図 4.6 位相遅れ補償要素の実現

図 4.5 のゲイン曲線より，この要素は低周波通過特性をもち，設計にさいしては定常特性の改善に寄与する．このゲインも(4.2)式のままでは 1 以下であり，設計のときは，ゲイン補償が適当に行われる．またゲイン曲線の漸近線の折点周波数は $\omega T_2=1/\beta$，$\omega T_2=1$ で設計時には $\omega T_2=1$ あたりより，低周波域で特性変動を与えるようにする．

b. PID 調節計

PID 調節計の伝達関数 $G_c(s)$ は

$$G_c(s)=K_p+\frac{K_I}{s}+K_D s \tag{4.3}$$

で与えられ，右辺第 1 項は比例(P)要素，第 2 項が積分(I)要素，第 3 項が微分(D)要素である．比例要素はゲイン補償を行うためのものである．積分要素は低域通過ゲイン特性と $-90°$ の位相特性をもっているので，位相遅れ要素に対応し，定常特性の改善に役立つ．微分要素は高域通過ゲイン特性と $90°$ の位相特性をもっていることから，位相進み要素に対応し，過渡特性の改善に役立つ．

4.3 制御系の設計

a. 位相補償による設計

図 4.1 において，制御対象の伝達関数が

$$G(s)=\frac{1}{s(s+2)} \tag{4.4}$$

で与えられたとき，位相補償要素を設計する手順を示そう．これは，3.5 節 4)で述べた閉ループ系のピークゲインを $M_p=1.3$ とすることを一応の目安とし

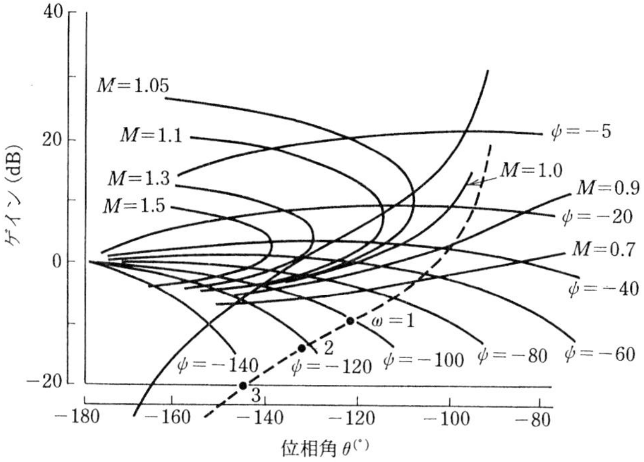

図 4.7 ゲイン調整

て設計しようとするものである．

1) **ゲイン補償** (4.4)式の制御対象の周波数伝達関数をニコルス線図上に描くと，図 4.7 の点線のようになる．はじめにゲイン補償のみによる特性改善を考える．ゲイン補償要素のみを用いたとき，図 4.1 の補償要素の周波数伝達関数 $G_c(j\omega)$ は，

$$G_c(j\omega)=K_0 \tag{4.5}$$

となる．このゲイン補償によってニコルス線図上の点線を上に平行移動して，$M=1.3$ に接するようにすると実線が得られる．そのときの K_0 の値は $K_0=5.50$ また $\omega_p=1.8$ rad/sec である．したがって，図 4.1 の一巡伝達関数 $G_0(s)$ は

$$G_0(s)=G_c(s)\,G(s)=K_0G(s) \tag{4.6}$$

となる．このときのステップ応答は図 4.8 の $y_b(t)$ のようになり，整定時間は約 4.5 sec である．この過渡特性では設計仕様を満たさないものとして，次の位相進み補償により速応性の向上をはかる．

2) **位相進み補償** 試行錯誤により，位相進み補償要素を

$$G_1(s)=\frac{1+0.25s}{1+0.32\times0.25s} \tag{4.7}$$

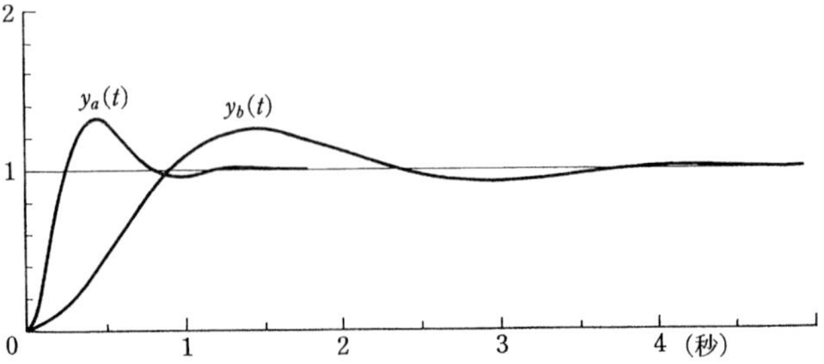

図 4.8　設計前後のステップ応答

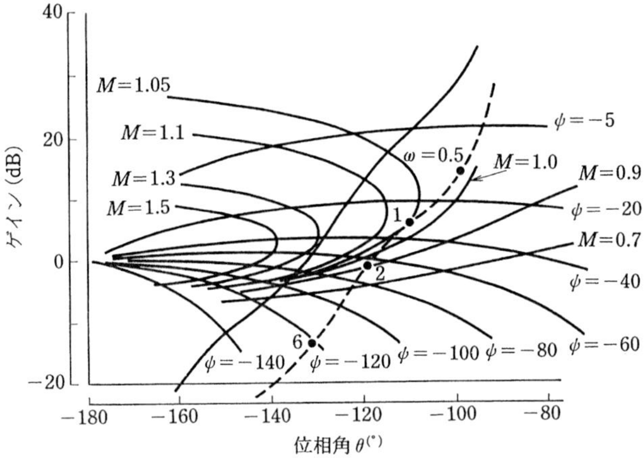

図 4.9　位相進み補償のニコルス線図

とする．これは(4.1)式で $\alpha=0.32$, $T_1=0.25$ とし，定常ゲインを $G_1(0)=1$ としたものである．まえの結果の(4.6)式にこの位相進み補償を縦続するとそのゲイン・位相線図は図 4.9 の点線のようになる．これを上に平行移動して，$M=1.3$ に接するようにすると実線が得られ，このとき $\omega_p=6$ rad/sec，一巡伝達関数は

$$G_0(s)=K_1G_1(s)K_0G(s)=KG_1(s)G(s)=30\ G_1(s)G(s) \tag{4.8}$$

となる．またこのときのステップ応答は図 4.8 の $y_a(t)$（これは次の位相遅れ補償後のステップ応答である）とほとんど同じであり，整定時間は 1.3 sec ぐらいになっており，過渡応答は大幅に改善されていることがわかる．

3) **位相遅れ補償**　(4.4)式の制御対象は1型の系であるので，定常位置偏差は0であるが，定常速度偏差を向上させるために位相遅れ補償を試みよう．試行錯誤により位相遅れ補償要素として，(4.2)式で $\beta=3$, $T_2=10$ とした

$$G_2(s)=\frac{1+10s}{1+3\times 10s} \tag{4.9}$$

を採用する．(4.8)式にこの要素を縦続したゲイン位相線図は図4.10の点線のようになり，ゲイン調整により $M=1.3$ に接するように平行移動すると，同図の実線が得られる．このとき一巡伝達関数は

$$\begin{aligned} G_0(s)&=K_2G_2(s)K_1G_1(s)K_0G(s)=KG_2(s)G_1(s)G(s)\\ &=75G_2(s)G_1(s)G(s) \end{aligned} \tag{4.10}$$

となる．また ω_p の値は $\omega_p=5$ rad/sec となり，少し減少するが，ステップ応答は図4.8の $y_a(t)$ となり，整定時間は1.3 sec であった．

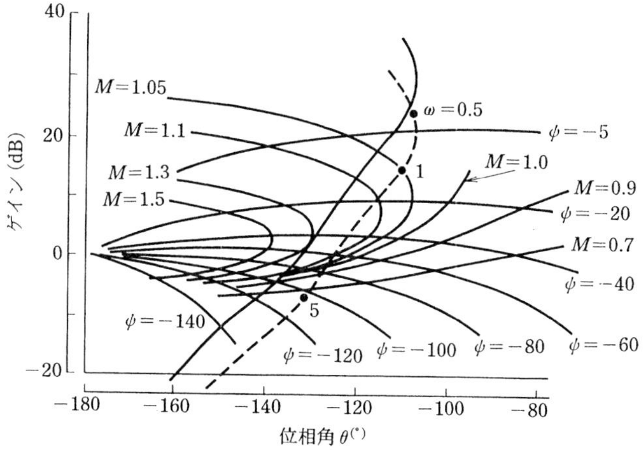

図 4.10　位相遅れ補償のニコルス線図

定常速度偏差は例題3.8と同様な計算により，位相遅れ補償を施す前は

$$\varepsilon_v=\lim_{s\to 0}\left[s\cdot\frac{1}{1+K_1K_0G_1(s)G(s)}\cdot\frac{1}{s^2}\right]=0.067$$

となるが，位相遅れ補償後は，

$$\varepsilon_v=\lim_{s\to 0}\left[s\cdot\frac{1}{1+K_2K_1K_0G_2(s)G_1(s)G(s)}\cdot\frac{1}{s^2}\right]=0.027$$

となり，6.7％から2.7％に減少していることがわかる．

以上のように位相補償による設計は，ゲイン補償，位相進み補償，位相遅れ補償の三つからなっており，設計仕様が満たされないときは，過渡特性に対しては位相進み補償，定常特性に対しては位相遅れ補償をくり返せばよい．

b.　PID 調節計による設計

プロセス制御系においては，図4.1の補償要素として，PID 調節計がよく用いられる．その伝達関数は(4.3)式を少し変形して

$$G_c(s)=K_p\left(1+\frac{1}{T_I s}+T_D s\right) \tag{4.11}$$

で与えられる．この調節計の設計法としては，ジーグラ（Ziegler）とニコルス（Nichols）による次のような経験則が一つの目安として用いられる．それは調節計のパラメータ K_p，T_I，T_D を表4.1のように決定するものである．

表4.1　PID調節計の設定法

制御＼パラメータ	K_p	T_I	T_D
P	$0.5\,K_0$		
PI	$0.45\,K_0$	$0.83\,T_0$	
PID	$0.6\,K_0$	$0.5\,T_0$	$0.125\,T_0$

K_0：P制御のみのときの安定限界でのゲイン
T_0：そのときの振動周期

4.4　2自由度制御系

前節では目標入力に対して直列補償要素の設計を行ったが，外乱が無視できないときは，その影響も除去する必要がある．しかし図4.1のような直列補償のみでは，目標入力と外乱に対する特性を同時に満足させることが困難な場合も多い．それを解決するために，図4.11のようにフィードフォワード補償をつけ加えると，目標入力特性と外乱特性を別個に設計でき，これを2自由度制御系という．

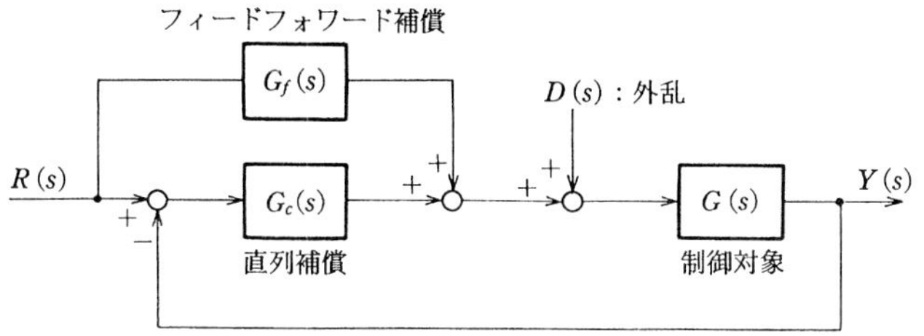

図 4.11　2 自由度制御系

図において，外乱・出力間の伝達関数は

$$G_d(s)=\frac{G(s)}{1+G(s)G_c(s)} \tag{4.12}$$

となり，目標入力・出力間の伝達関数は

$$G_r(s)=\frac{G(s)\{G_c(s)+G_f(s)\}}{1+G(s)G_c(s)} \tag{4.13}$$

となる．そこで制御対象 $G(s)$ が与えられたとき，(4.12)式の $G_d(s)$ が望ましい特性をもつように $G_c(s)$ を設計したのち，(4.13)式の $G_r(s)$ が望ましい特性をもつように $G_f(s)$ を設計しようとするものである．

4.5 内部モデル原理

今までは目標入力はステップ入力と暗に仮定してきたが，それ以外の目標入力の場合を次に考えてみよう．

図 4.12 のような直結フィードバック系において，開ループ伝達関数 $G_0(s)$ を

$$G_0(s)=\frac{N_0(s)}{D_0(s)} \tag{4.14}$$

目標入力 $R(s)$ を正弦波として

$$R(s)=\frac{\omega_0}{s^2+\omega_0{}^2} \tag{4.15}$$

とすると，偏差 $E(s)$ は

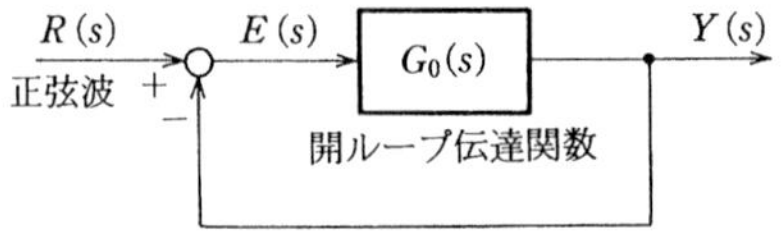

図 4.12　直結フィードバック系

$$E(s)=\frac{1}{1+G_0(s)}R(s)=\frac{D_0(s)}{D_0(s)+N_0(s)}\cdot\frac{\omega_0}{s^2+\omega_0{}^2}$$

$$=\frac{D_0(s)}{\prod_{i=1}^{n}(s-s_i)}\cdot\frac{\omega_0}{(s-j\omega_0)(s+j\omega_0)} \tag{4.16}$$

となる．ここで s_i は閉ループ系の極でその個数は n 個で相異なるものとする．上式を逆ラプラス変換すると

$$e(t)=\sum_{i=1}^{n}K_i e^{s_i t}+\gamma_1 e^{j\omega_0 t}+\gamma_2 e^{-j\omega_0 t} \tag{4.17}$$

の形にかけ，このとき上式中の γ_1，γ_2 は留数計算により

$$\gamma_1,\ \gamma_2=\frac{D_0(\pm j\omega_0)}{D_0(\pm j\omega_0)+N_0(\pm j\omega_0)}\cdot\frac{1}{\pm 2j} \tag{4.18}$$

で与えられる．閉ループ系が安定とすると，(4.17)式の第 1 項は $t\to\infty$ で 0 となる．第 2，3 項は持続振動を表すから，$t\to\infty$ で $e(t)\to 0$ となるためには

$$\gamma_1=\gamma_2=0 \tag{4.19}$$

とならねばならない．上式を満たすためには(4.18)式より

$$D_0(\pm j\omega_0)=0 \tag{4.20}$$

でなければならない．いま，伝達関数 $\omega_0/(s^2+\omega_o{}^2)$ をもつ目標入力発生器を考えると，(4.15)式の目標入力はそのインパルス応答となっている．したがって，(4.20)式は開ループ伝達関数が目標入力発生器と同じ極をもたねばならないことを意味している．また，このことは任意の目標入力に対して拡張できることが容易に類推できるので，次のことが結論できる．

任意のある目標入力に対して，図 4.12 の直結フィードバック系の定常偏差が $t\to\infty$ で 0 となるためには，閉ループ系が安定でかつ開ループ伝達関数は目標入力発生器と同じ極をもたねばならない．これを**内部モデル原理**という．

4.6 むだ時間系の設計

前節までの設計法は制御対象に大きなむだ時間要素が含まれない場合のものであり，化学プロセスのように制御対象に大きなむだ時間がある場合は，それをそのまま適用しても所望の結果が得られないことも多い．

図 4.13 において，点線部を除いた閉ループ系は図 4.1 の直列補償法に対応している．これに対する特性方程式は

$$1+G_c(s)\,G(s)\,e^{-LS}=0 \tag{4.21}$$

となり，左辺はもはや s の多項式でないので超越方程式となってしまう．このことが前節までの設計論の適用を困難にしている．さらにボード線図やニコルス線図などを用いる周波数領域での設計法を考えても，むだ時間要素の取り扱いは簡単でない．

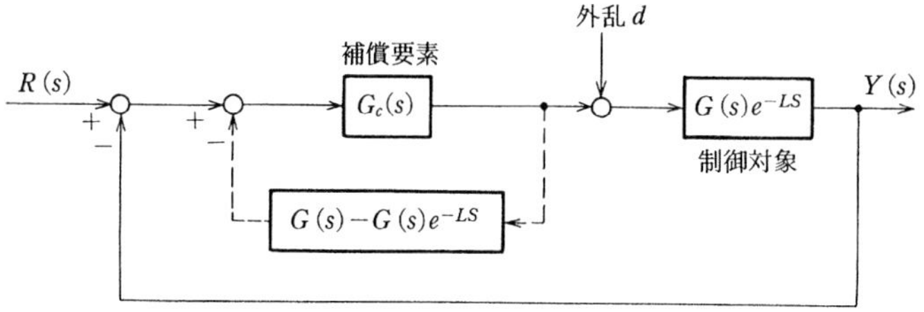

図 4.13 むだ時間系に対するスミス法

このような困難を回避するために考案されたものが，スミス (Smith) 法であり，それは図 4.13 の点線のようなマイナーループのフィードバックを施すものである．このとき r-y 間の伝達関数は

$$\frac{Y(s)}{R(s)}=\frac{G_c(s)\,G(s)\,e^{-LS}}{1+G_c(s)\,G(s)} \tag{4.22}$$

となり，特性多項式からむだ時間要素 e^{-LS} が取り除かれる．また，この伝達関数は図 4.14 のようにかけ，この図より前節までに述べてきたむだ時間のない設計法が適用できることがわかる．

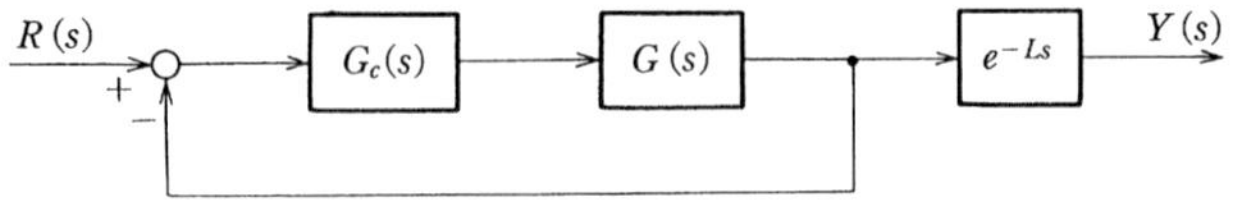

図 4.14　図 4.13 に等価な系

スミス法の欠点は，図 4.13 の点線部のフィードバックループの実現にむだ時間要素が必要となることと，図 4.14 よりわかるように出力 y にむだ時間分の遅れがそのまま残ることである．さらに伝達関数 $G(s)$ やむだ時間 L が設計時の値よりずれたときのミスマッチの影響の検討も重要となる．

演　習　問　題

1．図 4.15 において点線のフィードバック補償を施したとき，閉ループ伝達関数 $W(s)=Y(s)/R(s)$ の減衰係数 ζ は何倍になるか．

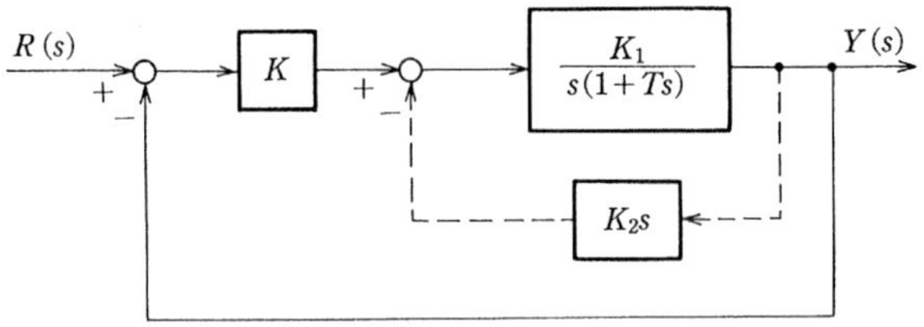

図 4.15

2．図 4.16 の直結フィードバック系の閉ループ伝達関数 $W(s)=Y(s)/R(s)$ の極を -4，$-4\pm j2$ にするためには，前置補償器の α_0，β_0，β_1 をどのようにすればよいか．

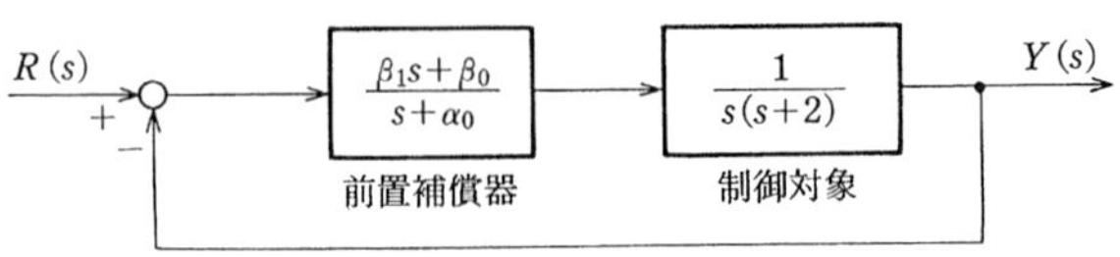

図 4.16

3． 図4.11のフィードフォワード型2自由度制御系は，図4.17のループ補償型および図4.18のフィードバック補償型でも実現可能である．このとき，$F_3(s)$，$F_4(s)$ および $F_5(s)$，$F_6(s)$ を図4.11の $G_c(s)$，$G_f(s)$ で表せ．

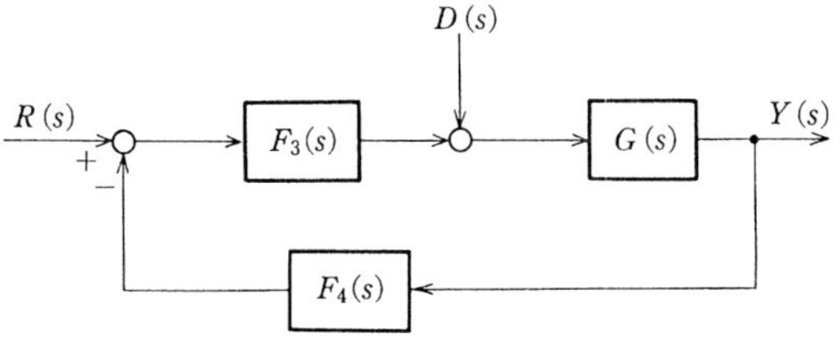

図 4.17

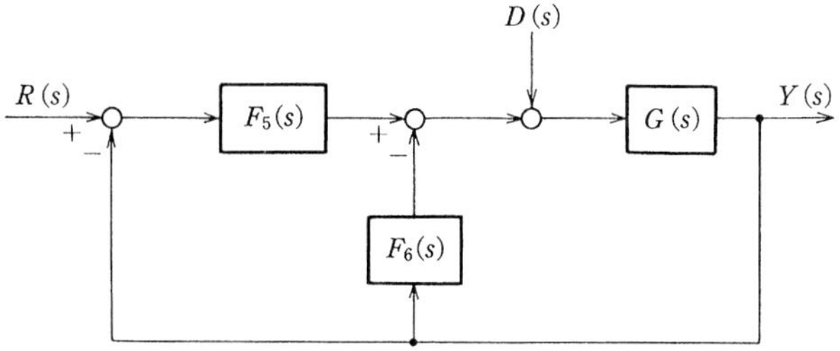

図 4.18

5. 状態空間法による解析

5.1 制御系の状態表現

いま，制御系の入力 $u(t)$ と出力 $y(t)$ の関係が(2.29)式と同じ微分方程式

$$\frac{d^2y(t)}{dt^2}+3\frac{dy(t)}{dt}+2y(t)=u(t) \tag{5.1}$$

で与えられたとする．ここで時間微分を $df(t)/dt=\dot{f}(t)$ で表し，次のような変数 $x_1(t)$，$x_2(t)$

$$x_1(t)=y(t) \tag{5.2}$$

$$x_2(t)=\dot{x}_1(t)=\dot{y}(t) \tag{5.3}$$

を用いると(5.1)式は

$$\dot{x}_2(t)=-2x_1(t)-3x_2(t)+u(t) \tag{5.4}$$

とかける．ベクトル $\boldsymbol{x}^T(t)=[x_1(t)\,x_2(t)]$ (上添字 ^{T} はベクトルあるいは行列の転置を意味する) を導入して(5.3)(5.4)式をまとめて表現すると

$$\begin{bmatrix}\dot{x}_1(t)\\ \dot{x}_2(t)\end{bmatrix}=\begin{bmatrix}0 & 1\\ -2 & -3\end{bmatrix}\begin{bmatrix}x_1(t)\\ x_2(t)\end{bmatrix}+\begin{bmatrix}0\\ 1\end{bmatrix}u(t) \tag{5.5}$$

とかけ，また出力 $y(t)$ を $\boldsymbol{x}(t)$ で表すと

$$y(t)=[1\ \ 0]\begin{bmatrix}x_1(t)\\ x_2(t)\end{bmatrix} \tag{5.6}$$

とかける．このように(5.1)式の制御系は(5.5)(5.6)式のようにも表現でき，このとき $\boldsymbol{x}(t)$ を状態変数といい，このような表現を制御系の状態表現という．

これを一般化すると，単一入力 $u(t)$ と単一出力 $y(t)$ をもつ制御系は次式のようにかける．

$$\begin{cases} \dot{\boldsymbol{x}}(t) = A\boldsymbol{x}(t) + \boldsymbol{b}u(t) & (5.7) \\ y(t) = \boldsymbol{c}\boldsymbol{x}(t) & (5.8) \end{cases}$$

ここで$\boldsymbol{x}(t)$は n 次元状態変数ベクトル，A は $n\times n$ 定数行列，$\boldsymbol{b}$ は $n\times 1$ 定数ベクトル，$\boldsymbol{c}$ は $1\times\mathrm{n}$ 定数ベクトルである．(5.7)式を**状態方程式**，(5.8)式を**出力（あるいは観測）方程式**といい，両式を合せて単一入出力系の**状態表現**という．また(5.7)(5.8)式の表現を簡単に制御系$(A,\ \boldsymbol{b},\ \boldsymbol{c})$と呼ぶこともある．さらに**状態変数**とは，その制御系のあらゆる特性を表すために必要かつ十分な最小個数の変数をいい，その個数が状態変数ベクトルの次元（次数）となる．この次元のことを**制御系の次元（次数）**ともいう．

制御系のことをもっと一般的にシステムということもあり，制御系とシステムとは，ほとんど同義語と考えて差し支えない．したがって，システムの次元，システム（A，$\boldsymbol{b}$，$\boldsymbol{c}$）ともいう．

状態変数$\boldsymbol{x}(t)$が張る n 次元実数空間を状態空間といい，これを用いて制御系を解析・設計することを**状態空間法**による解析・設計という．伝達関数による解析・設計（状態空間法に対して**伝達関数法**と呼ぶ）が制御系の入力と出力のみの関係に着目しているのに対し，状態空間法の特徴はその間にあらたに状態変数を導入した点にある．このことにより，伝達関数法では明らかにされなかった制御系の内部構造などの究明が可能となり，制御系の解析・設計にあらたな展開をもたらした．また本書では単一入出力系に限定するが，状態空間法で得られる結果はそのまま多入出力系に拡張できるものが多い．

5.2 状態方程式の解

(5.7)式の両辺をラプラス変換すると，次式が得られる．

$$s\boldsymbol{x}(s) - \boldsymbol{x}(0) = A\boldsymbol{x}(s) + \boldsymbol{b}u(s)$$

ただし，$\boldsymbol{x}(s) = \mathcal{L}[\boldsymbol{x}(t)]$，$u(s) = \mathcal{L}[u(t)]$，$\boldsymbol{x}(0)$は初期値である．前章までは，$t$ 関数 $u(t)$のラプラス変換として大文字 $U(s)$を用いたが，以後では t 関数と同じ小文字 $u(s)$を用いる．したがって，$u(t)$と $u(s)$とでは関数形が全く

異なることに注意せよ.

上式を整理すると逆行列を用いて次式が得られる. ただし I は単位行列である.

$$\boldsymbol{x}(s)=(sI-A)^{-1}\boldsymbol{x}(0)+(sI-A)^{-1}\boldsymbol{b}\boldsymbol{u}(s) \tag{5.9}$$

この両辺を逆ラプラス変換すると, たたみ込み積分を用いて

$$\boldsymbol{x}(t)=\Phi(t)\boldsymbol{x}(0)+\int_0^t \Phi(t-\tau)\boldsymbol{b}\boldsymbol{u}(\tau)\,d\tau \tag{5.10}$$

となる. ただし

$$\Phi(t)=\mathcal{L}^{-1}[(sI-A)^{-1}] \tag{5.11}$$

(5.10)式は(5.7)式の状態方程式の解であり, 右辺第1項は初期値に関する応答であり, 初期値応答あるいは零入力応答と呼ばれ, 第2項は入力に対する応答であり, 入力応答あるいは零状態応答と呼ばれている. また(5.11)式の $\Phi(t)$ を状態推移行列という. その理由は(5.10)式第1項より, 初期状態 $\boldsymbol{x}(0)$ を t 時刻に $\Phi(t)$ だけ推移させていることによる.

状態推移行列の性質を調べるために, (5.11)式右辺をテイラー (Taylor) 展開すると次式が得られる.

$$\Phi(t)=\mathcal{L}^{-1}\left[\frac{1}{s}\left\{I+\frac{A}{s}+\left(\frac{A}{s}\right)^2+\cdots\right\}\right]$$

$$=I+At+\frac{1}{2!}(At)^2+\cdots \tag{5.12}$$

$$\triangleq e^{At} \tag{5.13}$$

ただし (5.13) 式は定義式であり, スカラーの指数関数の展開公式を行列関数にあてはめたものである. この $\Phi(t)$ は次の三つの重要な性質をもつ.

(i)　$\Phi(0)=I$ 　(5.14)

(ii)　$\Phi(t+\tau)=\Phi(t)\Phi(\tau)$ 　(5.15)

(iii)　$\Phi(-t)=\Phi^{-1}(t)$ 　(5.16)

この性質は指数関数の性質であるが, その証明は(5.13)式でなく(5.12)式によってなされねばならない. (演習問題1参照)

〔例題 5.1〕 (5.5), (5.6)式に対する解を求めてみよう.

$$A=\begin{bmatrix} 0 & 1 \\ -2 & -3 \end{bmatrix},\quad \boldsymbol{b}=\begin{bmatrix} 0 \\ 1 \end{bmatrix},\quad \boldsymbol{c}=[1\quad 0] \tag{5.17}$$

であるから

$$[sI-A]^{-1}=\begin{bmatrix} s & -1 \\ 2 & s+3 \end{bmatrix}^{-1}=\frac{1}{(s+1)(s+2)}\begin{bmatrix} s+3 & 1 \\ -2 & s \end{bmatrix} \tag{5.18}$$

となる．状態推移行列 $\boldsymbol{\Phi}(t)$ は 2×2 行列となり，その要素を $\phi_{ij}(t)$，$(i,j=1, 2)$ とすると，(5.11) (5.18) 式より

$$\phi_{11}(t)=\mathcal{L}^{-1}\left[\frac{s+3}{(s+1)(s+2)}\right]=2e^{-t}-e^{-2t}$$

$$\phi_{12}(t)=\mathcal{L}^{-1}\left[\frac{1}{(s+1)(s+2)}\right]=e^{-t}-e^{-2t}$$

$$\phi_{21}(t)=\mathcal{L}^{-1}\left[\frac{-2}{(s+1)(s+2)}\right]=-2e^{-t}+2e^{-2t}$$

$$\phi_{22}(t)=\mathcal{L}^{-1}\left[\frac{s}{(s+1)(s+2)}\right]=-e^{-t}+2e^{-2t}$$

となる．これと (5.17) 式の $\boldsymbol{b}$ を (5.10) 式に代入すると解が求められる．$y(t)$ は (5.10) 式を (5.8) 式に代入して

$$y(t)=\boldsymbol{c}\boldsymbol{\Phi}(t)\boldsymbol{x}(0)+\int_0^t \boldsymbol{c}\boldsymbol{\Phi}(t-\tau)\boldsymbol{b}u(\tau)\,d\tau \tag{5.19}$$

より求められる．

状態推移行列に現れる $e^{\alpha t}$（α は一般に複素数）をモード $e^{\alpha t}$，固有値 α の（に対する）モードと呼ぶこともある．

5.3　可制御性と可観測性

ある制御系が状態表現されたとき，その制御系の可制御性，可観測性は設計のさいの重要な性質である．まず，その定義を述べよう．

制御系のすべての状態変数を任意の有限時間内に任意の初期状態から任意の終端状態（これを原点としても一般性を失わない）に移すような制御が存在するとき，その制御系は**可制御**であるという．

制御系の出力の有限時間区間の観測から，その制御系の初期状態を一意的に決定できるとき，その制御系は**可観測**であるという．

次に，制御系 $(A, \boldsymbol{b}, \boldsymbol{c})$ が与えられたとき，その可制御性，可観測性を判別するための定理を述べる．

可制御性の定理：　n 次元制御系が可制御であるための必要十分条件は，可制御行列 V を

$$V=[\boldsymbol{b} \quad A\boldsymbol{b} \quad A^2\boldsymbol{b} \quad \cdots \quad A^{n-1}\boldsymbol{b}] \tag{5.20}$$

としたとき，次式が成立することである．

$$\mathrm{rank}\ V=n \tag{5.21}$$

可観測性の定理：　n 次元制御系が可観測であるための必要十分条件は，可観測行列 N を

$$N=[\boldsymbol{c}^T \quad A^T\boldsymbol{c}^T \quad (A^T)^2\boldsymbol{c}^T \quad \cdots \quad (A^T)^{n-1}\boldsymbol{c}^T] \tag{5.22}$$

としたとき，次式が成立することである．

$$\mathrm{rank}\ N=n \tag{5.23}$$

可制御性の定理の証明は章末の付録に示す．この定理は，制御系の A，$\boldsymbol{b}$，$\boldsymbol{c}$ が与えられれば，可制御性，可観測性の検証が容易にできるので，実用性に富んだ極めてすぐれたものである．

また，可制御性は A，$\boldsymbol{b}$ のみの関係であり，可観測性は，A，$\boldsymbol{c}$ のみの関係であることから，$(A, \boldsymbol{b})$ は可制御，$(A, \boldsymbol{c})$ は可観測ということもある．一般にシステム $(A, \boldsymbol{b}, \boldsymbol{c})$ とシステム $(A^T, \boldsymbol{c}^T, \boldsymbol{b}^T)$ との可制御行列，可観測行列を比べると，一方の可制御性と他方の可観測性，逆に一方の可観測性と他方の可制御性は一致することがわかる．この関係を**双対性**といい，また一方を他方の双対システムという．

〔例題 5.2〕　次の 2 次元制御系の可制御性，可観測性を吟味しよう．

$$\dot{\boldsymbol{x}}(t)=\begin{bmatrix} -1 & 0 \\ 0 & -2 \end{bmatrix}\boldsymbol{x}(t)+\begin{bmatrix} b_1 \\ 1 \end{bmatrix}u(t) \tag{5.24}$$

$$y(t)=[1 \quad c_2]\boldsymbol{x}(t) \tag{5.25}$$

可制御行列は

$$V=[\boldsymbol{b} \quad A\boldsymbol{b}]=\begin{bmatrix} b_1 & -b_1 \\ 1 & -2 \end{bmatrix}$$

となるから，$b_1 \neq 0$ のとき $\mathrm{rank}\,V=2$ となり可制御，$b_1=0$ のときは $\mathrm{rank}\,V=1 \neq 2$ となり可制御でなくなる．

可観測行列は

$$N=[\boldsymbol{c}^T \quad A^T\boldsymbol{c}^T]=\begin{bmatrix} 1 & -1 \\ c_2 & -2c_2 \end{bmatrix}$$

となるから，$c_2 \neq 0$ のとき $\mathrm{rank}\,N=2$ となり可観測，$c_2=0$ のときは $\mathrm{rank}\,N=1 \neq 2$ となり可観測でなくなる．

5.4 状態表現と伝達関数

状態表現(5.7)，(5.8)式が与えられたとき，それに対する伝達関数を求めてみよう．2章で述べたように，伝達関数とはすべての初期値を0としたときの入出力のラプラス変換の比であるから，(5.9)式で $\boldsymbol{x}(0)=0$ とした

$$\boldsymbol{x}(s)=(sI-A)^{-1}\boldsymbol{b}u(s)$$

を(5.8)式の両辺をラプラス変換した式に代入すると

$$y(s)=\boldsymbol{c}\boldsymbol{x}(s)=\boldsymbol{c}(sI-A)^{-1}\boldsymbol{b}u(s) \tag{5.26}$$

が得られる．したがって制御系 $(A,\ \boldsymbol{b},\ \boldsymbol{c})$ に対する伝達関数 $G(s)$ は次式となる．

$$G(s)=\boldsymbol{c}(sI-A)^{-1}\boldsymbol{b} \tag{5.27}$$

(5.7)，(5.8)式と(5.27)式の関係をブロック線図に描くと，図5.1のようになる．伝達関数は制御系を点線のように入出力のみの関係としてとらえているのに対し，状態表現はそれにあらたに内部の（状態）変数を導入した点に特徴がある．

(5.27)式における逆行列をかきなおすと

$$G(s)=\boldsymbol{c}\frac{\mathrm{adj}(sI-A)}{|sI-A|}\boldsymbol{b} \tag{5.28}$$

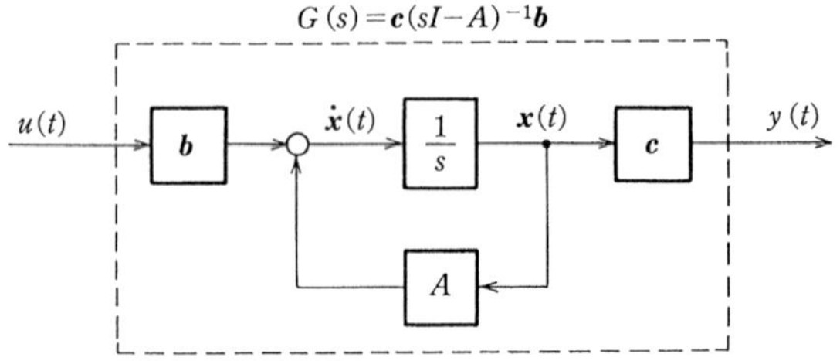

図 5.1　状態表現と伝達関数

が得られる．ここで adj は A の余因子行列である．一般に伝達関数は（s の分子多項式)／(s の分母多項式）の形で表され，分母子の相殺がなければ，$\boldsymbol{c}\,\mathrm{adj}(sI-A)\boldsymbol{b}$ が伝達関数の分子多項式，$|sI-A|$ が伝達関数の分母多項式となることがわかる．したがって A の固有値は伝達関数 $G(s)$の極と一致し，これを制御系（システム）の固有値ともいう．

また制御系の**重み関数**あるいは**インパルス応答** $g(t)$ を A，$\boldsymbol{b}$，$\boldsymbol{c}$ で表すと，(5.27)式より次式となる．

$$g(t)=\mathcal{L}^{-1}[G(s)]=\boldsymbol{c}\mathcal{L}^{-1}[(sI-A)^{-1}]\boldsymbol{b} \tag{5.29}$$

次に伝達関数の**極零相殺**と可制御，可観測性についてふれておこう．(5.24)，(5.25)式の制御系に対する伝達関数は，(5.27)式より

$$G(s)=\boldsymbol{c}(sI-A)^{-1}\boldsymbol{b}=[1 \quad c_2]\begin{bmatrix} s+1 & 0 \\ 0 & s+2 \end{bmatrix}^{-1}\begin{bmatrix} b_1 \\ 1 \end{bmatrix}$$

$$=\frac{(b_1+c_2)s+2b_1+c_2}{(s+1)(s+2)}$$

となる．例題 5.2 で述べたように，$b_1=0$ の可制御でないとき上式は

$$G(s)=\frac{c_2(s+1)}{(s+1)(s+2)}=\frac{c_2}{s+2}$$

となり，$c_2=0$ の可観測でないときは

$$G(s)=\frac{b_1(s+2)}{(s+1)(s+2)}=\frac{b_1}{s+1}$$

となる．このことは，制御系が可制御でないか，可観測でないときは伝達関数に極零相殺が起こり，伝達関数の次数は状態表現の次数より小さくなることを

示している．すなわち，このときは伝達関数には表れない内部状態変数が存在するのである．制御系が可制御かつ可観測のときは，伝達関数の極零相殺はなく，伝達関数と状態表現の次数は一致するのである．

5.5 実 現 問 題

伝達関数 $G(s)$ が与えられたとき，それに対する状態表現 A，$\boldsymbol{b}$，$\boldsymbol{c}$ を求める問題を**実現問題**という．この解は次節で明らかになるように一意的でなく無数にあるが，一つの簡単な求め方を示す．

$$G(s)=\frac{y(s)}{u(s)}=\frac{b_{n-1}s^{n-1}+\cdots\cdots+b_1s+b_0}{s^n+a_{n-1}s^{n-1}+\cdots\cdots+a_1s+a_0} \tag{5.30}$$

が与えられたとする．この入出力間に $z(s)=\mathcal{L}[z(t)]$ なる仲介変数を導入して (5.30)式を

$$\frac{z(s)}{u(s)}=\frac{1}{s^n+a_{n-1}s^{n-1}+\cdots\cdots+a_1s+a_0} \tag{5.31}$$

$$\frac{y(s)}{z(s)}=b_{n-1}s^{n-1}+\cdots\cdots+b_1s+b_0 \tag{5.32}$$

と分解する．この様子を図 5.2(a)，(b)に示す．

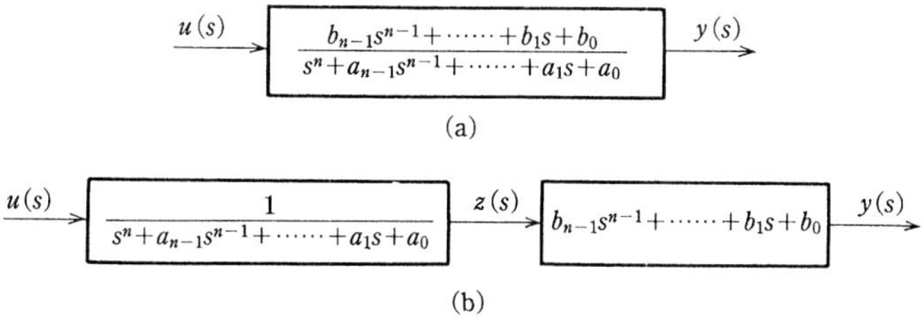

図 5.2 状態表現のための等価変換

いま，次のような状態変数 $x_i(t)$ $(i=1\sim n)$

$$x_1(t)=z(t)$$

$$x_2(t)=\dot{x}_1(t)=\dot{z}(t)$$

$$\vdots$$

$$x_n(t) = \dot{x}_{n-1}(t) = z^{(n-1)}(t)$$

を導入すると，(5.31)式は

$$\dot{x}_n(t) = -a_{n-1}x_n(t) - \cdots\cdots - a_1x_2(t) - a_0x_1(t) + u(t)$$

とかける．ベクトル$\boldsymbol{x}^{\mathrm{T}}(t) = [x_1(t) \quad x_2(t) \quad \cdots\cdots \quad x_n(t)]$を用いて上式をまとめると

$$\dot{\boldsymbol{x}}(t) = \begin{bmatrix} 0 & 1 & 0 & \cdots & 0 \\ 0 & 0 & 1 & \cdots & 0 \\ \vdots & \vdots & \vdots & \ddots & \vdots \\ 0 & 0 & 0 & \cdots & 1 \\ -a_0 & -a_1 & -a_2 & \cdots & -a_{n-1} \end{bmatrix} \boldsymbol{x}(t) + \begin{bmatrix} 0 \\ 0 \\ \vdots \\ 0 \\ 1 \end{bmatrix} u(t) \qquad (5.33)$$

とかける．また(5.32)式は$\boldsymbol{x}(t)$を用いると

$$y(t) = [b_0 \quad b_1 \quad \cdots \quad b_{n-1}]\boldsymbol{x}(t) \qquad (5.34)$$

とかける．(5.33)，(5.34)式が(5.30)式に対する一つの状態表現であり，この形は**可制御正準形式**あるいは**同伴形式**と呼ばれている．

5.6　線形変換と正準形式

正則な$n \times n$定数行列Tを用いて(5.7)，(5.8)式に対して

$$\boldsymbol{x}(t) = T\bar{\boldsymbol{x}}(t) \qquad (5.35)$$

なる線形変換を行い，状態変数を$\boldsymbol{x}(t)$から$\bar{\boldsymbol{x}}(t)$に変換すると容易に次式が得られる．

$$\dot{\bar{\boldsymbol{x}}}(t) = \bar{A}\bar{\boldsymbol{x}}(t) + \bar{\boldsymbol{b}}u(t) \qquad (5.36)$$

$$y(t) = \bar{\boldsymbol{c}}\bar{\boldsymbol{x}}(t) \qquad (5.37)$$

ただし

$$\bar{A} = T^{-1}AT, \quad \bar{\boldsymbol{b}} = T^{-1}\boldsymbol{b}, \quad \bar{\boldsymbol{c}} = \boldsymbol{c}T \qquad (5.38)$$

変換行列Tをうまく選ぶことにより，理論解析に都合のよい $\bar{A}$, $\bar{\boldsymbol{b}}$, $\bar{\boldsymbol{c}}$ を得ることができる．この変換は系の内部の状態変数のみの変換であり，系の外側の入出力はもとのままであることに注意すべきである．

変換後のシステムに対する伝達関数 $\bar{G}(s)$を求めると(5.27)，(5.38)式より

$$\bar{G}(s)=\bar{\boldsymbol{c}}(sI-\bar{A})^{-1}\bar{\boldsymbol{b}}=\boldsymbol{c}T(sI-T^{-1}AT)^{-1}T^{-1}\boldsymbol{b}$$
$$=\boldsymbol{c}(sI-A)^{-1}\boldsymbol{b}=G(s)$$

となり，伝達関数は変換によって不変であることがわかる．

同様のことが，制御系の固有値，可制御性，可観測性についても容易に証明できる．

次に代表的な正準形式とその変換行列について述べよう．

a. 対角正準形式

Aが相異なるn個の固有値λ_i（$i=1\sim n$）をもつものとする．λ_iに対する固有ベクトルを$\boldsymbol{v}_i$（n次元列ベクトル）とし，変換行列Tを

$$T=[\boldsymbol{v}_1,\ \boldsymbol{v}_2\ \cdots\ \boldsymbol{v}_n] \tag{5.39}$$

とすると，変換後の $\bar{A}$ は次式のような**対角正準形式**と呼ばれるものになる．

$$\bar{A}=T^{-1}AT=\begin{bmatrix}\lambda_1 & & & \\ & \lambda_2 & O & \\ & & \ddots & \\ O & & & \lambda_n\end{bmatrix}\triangleq \mathrm{diag}\{\lambda_i\} \tag{5.40}$$

上式は次のようにして導かれる．両辺に左からTをかけることにより，上式は$T\bar{A}=AT$と等価となり，これは$\lambda_i\boldsymbol{v}_i=A\boldsymbol{v}_i$なる関係より明らかである．変換後の制御系は，$\bar{\boldsymbol{b}}=[\bar{b}_1\ \ \bar{b}_2\ \cdots\ \bar{b}_n]^T$，$\bar{\boldsymbol{c}}=[\bar{c}_1\ \ \bar{c}_2\ \cdots\ \bar{c}_n]$とすると

$$\dot{\bar{x}}_i(t)=\lambda_i\bar{x}_i(t)+\bar{b}_iu(t)\quad(i=1\sim n) \tag{5.41}$$

$$y(t)=\sum_{i=1}^{n}\bar{c}_i\bar{x}_i(t) \tag{5.42}$$

となり，$\bar{x}_i(t)$ $(i=1\sim n)$は互いに無関係となる．したがって，この形の制御系では，もし一つでも$\bar{b}_k=0$となれば，それに対応した$\bar{x}_k(t)$は入力$u(t)$とつながりがなくなってしまうので，その状態は可制御でない．このことからこの制

御系が可制御となるための必要十分条件は

$$\bar{b}_i \neq 0 \quad (i=1\sim n) \tag{5.43}$$

となることが推量できる．同様にこの制御系が，可観測となるための必要十分条件は次式となる．

$$\bar{c}_i \neq 0 \quad (i=1\sim n) \tag{5.44}$$

b．可制御・可観測正準形式

A に対する固有多項式が

$$|sI-A|=s^n+a_{n-1}s^{n-1}+\cdots+a_1s+a_0 \tag{5.45}$$

と求められたとき，この係数から得られる次のような正則な $n\times n$ 行列L

$$L=\begin{bmatrix} a_1 & a_2 & \cdots\cdots & a_{n-1} & 1 \\ a_2 & a_3 & & ⋰ & \\ \vdots & & ⋰ & & \\ a_{n-1} & ⋰ & & O & \\ 1 & & & & \end{bmatrix} \tag{5.46}$$

と，(5.20) 式の可制御行列 V とからなる変換行列 T を

$$T=VL \tag{5.47}$$

とする．この変換行列を用いると (5.33) 式の**可制御正準形式**が得られる．この証明は演習問題とする．

(5.33)，(5.34) 式の可制御正準形式の双対システムは

$$\dot{\boldsymbol{x}}(t)=\begin{bmatrix} 0 & 0 & \cdots\cdots & 0 & -a_0 \\ 1 & 0 & \cdots\cdots & 0 & -a_1 \\ 0 & 1 & & \vdots & \vdots \\ \vdots & \vdots & \ddots & \vdots & \vdots \\ 0 & 0 & \cdots\cdots & 1 & -a_{n-1} \end{bmatrix}\boldsymbol{x}(t)+\begin{bmatrix} b_0 \\ b_1 \\ \vdots \\ b_n \end{bmatrix}u(t) \tag{5.48}$$

$$y(t)=[0\ 0\ \cdots\cdots\ 0\ 1]\boldsymbol{x}(t) \tag{5.49}$$

となり，これは**可観測正準形式**と呼ばれている．

（付録） 可制御性の定理の証明

必要性：(5.7)式が可制御とすると，有限時間 t_1 で任意の初期状態 $\boldsymbol{x}(0)$ を原点に移すような制御が存在するので，(5.10)，(5.13) 式より

$$\boldsymbol{x}(t_1)=e^{At_1}\boldsymbol{x}(0)+\int_0^{t_1}e^{A(t_1-\tau)}\boldsymbol{b}u(\tau)\,d\tau=\boldsymbol{0} \tag{A 5.1}$$

すなわち

$$\boldsymbol{x}(0)=-\int_0^{t_1}e^{-A\tau}\boldsymbol{b}u(\tau)\,d\tau \tag{A 5.2}$$

が得られる．ケーリーハミルトンの定理より

$$A^{n+j}=\sum_{i=0}^{n-1}a_{ij}A^i \qquad (j=0\sim\infty) \tag{A 5.3}$$

が成り立つので，(A 5.2) 式の $e^{-A\tau}$ をテイラー級数展開して，(A 5.3) 式を用いると

$$\begin{aligned}\boldsymbol{x}(0)&=-\sum_{i=0}^{n-1}\int_0^{t_1}r_i(\tau)A^i\boldsymbol{b}u(\tau)\,d\tau\\&=-\sum_{i=0}^{n-1}\alpha_iA^i\boldsymbol{b}\end{aligned} \tag{A 5.4}$$

が得られる．ただし

$$\alpha_i=\int_0^{t_1}r_i(\tau)u(\tau)\,d\tau$$

(A 5.4)式右辺は n 個のベクトル $A^i\boldsymbol{b}$ $(i=0\sim n-1)$ の線形結合を表しており，これが左辺の n 次元空間の任意のベクトル $\boldsymbol{x}(0)$ となるためには，$A^i\boldsymbol{b}$ $(i=0\sim n-1)$ は線形独立すなわち (5.21) 式が成立しなければならない．

十分性：$n\times n$ 行列 $W(t_1)$ を次式で定義する．

$$W(t_1)\triangleq\int_0^{t_1}e^{-A\tau}\boldsymbol{b}\boldsymbol{b}^Te^{-A^T\tau}d\tau \tag{A 5.5}$$

はじめに (5.21) 式が成立すれば，任意の t_1 に対して行列式

$$|W(t_1)|\neq 0 \tag{A 5.6}$$

を証明しよう．そのために(5.21)式が成り立つが $|W(t_1)|=0$ とする．このとき $W(t_1)$の行あるいは列ベクトルは線形従属となるので

$$\boldsymbol{\alpha}^TW(t_1)\boldsymbol{\alpha}=0 \tag{A 5.7}$$

をみたすあるベクトル $\boldsymbol{\alpha}(\neq 0)$ が存在する．(A 5.7)式に(A 5.5)式を代入すると

$$\int_0^{t_1}(\boldsymbol{\alpha}^T e^{-A\tau}\boldsymbol{b})^2 \boldsymbol{d}\tau=0$$

すなわち

$$\boldsymbol{\alpha}^T e^{-A\tau}\boldsymbol{b}=0 \qquad \text{(A 5.8)}$$

が成立する．これに $\tau=0$ を代入し，さらに順次 τ で微分して $\tau=0$ を代入する操作を $(n-1)$ 回繰り返すと

$$\boldsymbol{\alpha}^T[\boldsymbol{b}\quad A\boldsymbol{b}\quad \cdots\cdots \quad A^{n-1}\boldsymbol{b}]=0 \qquad \text{(A 5.9)}$$

が得られるが，$\boldsymbol{\alpha}\neq 0$ であったから，上式は(5.21)式に矛盾する．したがって(A 5.6)式が示された．

次に $W^{-1}(t_1)$ の存在がわかったので，任意の $\boldsymbol{x}(0)\,(\neq 0)$ に対する制御を

$$u(\tau)=-\boldsymbol{b}^T e^{-A^T\tau}W^{-1}(t_1)\,\boldsymbol{x}(0) \qquad \text{(A 5.10)}$$

ととる．これを(5.10)式に代入し，(A 5.5)式を用いると

$$\boldsymbol{x}(t_1)=e^{At_1}\boldsymbol{x}(0)+\int_0^{t_1}e^{A(t_1-\tau)}\boldsymbol{b}(-\boldsymbol{b}^T \mathrm{e}^{-A^T\tau}W^{-1}(t_1)\boldsymbol{x}(0)d\tau$$

$$=0$$

となるので，可制御となることがわかる．(証明終)

演　習　問　題

1．(5.14)，(5.15)(5.16)式を証明せよ．

2．例題5.2の系に対する状態方程式の解と出力を求めよ．さらに可制御でないモードや可観測でないモードが，解や出力にどのように影響するかを吟味せよ．

3．制御系の状態表現が次式で与えられているものとする．

$$\dot{\boldsymbol{x}}(t)=\begin{bmatrix}-1 & 0 & 0\\ 1 & -2 & 0\\ 2 & 0 & -3\end{bmatrix}\boldsymbol{x}(t)+\begin{bmatrix}1\\ 2\\ 1\end{bmatrix}u(t)$$

$$y(t)=[\,0\quad 0\quad 1\,]\;\boldsymbol{x}(t)$$

(1)　この系の可制御性，可観測性を吟味せよ．

(2)　この系の伝達関数を求めよ．

（3） この系の状態推移行列，状態変数解，出力解を求めよ．

（4） 問2と同じ考察により，可制御でないモードと可観測でないモードを求めよ．

4． 制御系の固有値，可制御性，可観測性が線形変換によって不変な性質であることを証明せよ．

5． 問3の制御系に対する対角正準形式を求めよ．さらに(5.43)，(5.44)式によって可制御，可観測でないモードを吟味せよ．

6． 伝達関数 $G(s)=\dfrac{s^2+5s+6}{s^3+6s^2+11s+6}$ に対する可制御正準形式の状態表現を行え．その状態表現に対する可制御性，可観測性を吟味せよ．

7． (5.47)式による変換によって可制御正準形式が得られることを証明せよ．

6. 状態空間法による制御系の設計

6.1 状態フィードバックによる極配置

(5.7)，(5.8)式の単一入出力系を再記する．

$$\begin{cases}\dot{\boldsymbol{x}}(t)=A\boldsymbol{x}(t)+\boldsymbol{b}u(t) & (6.1)\\ y(t)=\boldsymbol{c}\boldsymbol{x}(t) & (6.2)\end{cases}$$

このシステムに次式の状態フィードバックを施す．

$$u(t)=\boldsymbol{f}\boldsymbol{x}(t)+v(t) \tag{6.3}$$

ただし，$\boldsymbol{f}$ は $1\times n$ ベクトル，$v(t)$ は目標入力を新しく示したものである．これをブロック線図に示すと図6.1となる．点線が(6.3)式を示している．

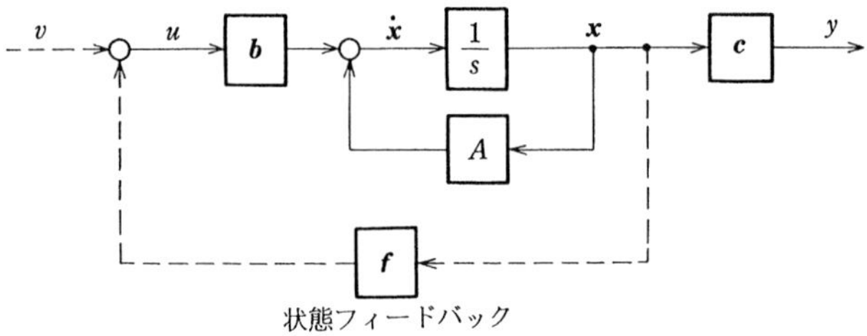

図 6.1　状態フィードバックによる極配置

(6.1)式に(6.3)式を代入すると

$$\dot{\boldsymbol{x}}(t)=(A+\boldsymbol{b}\boldsymbol{f})\boldsymbol{x}(t)+\boldsymbol{b}v(t) \tag{6.4}$$

となり，制御系の応答を支配する行列 A は，$A+\boldsymbol{b}\boldsymbol{f}$ に変化する．このフィードバックベクトル $\boldsymbol{f}$ を適当に選んで，制御系の固有値（すなわち極）を所望のものにすることを状態フィードバックによる極配置という．ただし A は実数行列としているので複素極があれば，その共役極も必ずもつことになり，この制約のもとでの自由（任意）な極配置ということになる．

〔例題 6.1〕 状態表現が次式

$$\dot{\boldsymbol{x}}(t)=\begin{bmatrix}-1 & 1\\ -2 & -3\end{bmatrix}\boldsymbol{x}(t)+\begin{bmatrix}1\\ 1\end{bmatrix}u(t) \tag{6.5}$$

$$y(t)=[1 \quad 1]\boldsymbol{x}(t) \tag{6.6}$$

で与えられている制御系の極を $-4\pm 2j$ にするような状態フィードバック $\boldsymbol{f}=[f_0 \quad f_1]$ を求めよ．

〔解〕 状態フィードバックを施した後の(6.4)式のシステムに対する固有方程式は次式となる．

$$|sI-(A+\boldsymbol{bf})|=\left|\begin{bmatrix}s & 0\\ 0 & s\end{bmatrix}-\left(\begin{bmatrix}-1 & 1\\ -2 & -3\end{bmatrix}+\begin{bmatrix}1\\ 1\end{bmatrix}[f_0 \quad f_1]\right)\right|$$

$$=s^2+(4-f_0-f_1)s+5-4f_0+f_1 \tag{6.7}$$

また，所望の極 $-4\pm 2j$ に対する固有方程式は次式となる．

$$(s+4+2j)(s+4-2j)=s^2+8s+20 \tag{6.8}$$

(6.7)式が(6.8)式に一致すればよいから，両式の係数比較により

$$\begin{cases}4-f_0-f_1=8\\ 5-4f_0+f_1=20\end{cases}$$

を解けばよい．この解は次式となる．

$$f_0=-19/5, \quad f_1=-1/5 \tag{6.9}$$

(6.5)(6.6)式の系に対する伝達関数 $G(s)$ と定常ゲイン $\lim_{s\to 0}G(s)$ を求めると，(5.27)式を用いて次式となる．

$$G(s)=\boldsymbol{c}(sI-A)^{-1}\boldsymbol{b}=[1 \quad 1]\begin{bmatrix}s+1 & -1\\ 2 & s+3\end{bmatrix}^{-1}\begin{bmatrix}1\\ 1\end{bmatrix}$$

$$=\frac{2s+3}{s^2+4s+5} \longrightarrow \frac{3}{5} \quad (s\to 0) \tag{6.10}$$

(6.9)式の状態フィードバックによる極配置を施した後の系の伝達関数 $G_f(s)$ と定常ゲイン $\lim_{s\to 0}G_f(s)$ を求めると，同様にして次式となる．

$$G_f(s)=\boldsymbol{c}(sI-A-\boldsymbol{bf})^{-1}\boldsymbol{b}$$

$$=[1\quad 1]\left[\begin{bmatrix}s & 0\\ 0 & s\end{bmatrix}-\left(\begin{bmatrix}-1 & 1\\ -2 & -3\end{bmatrix}+\begin{bmatrix}1\\ 1\end{bmatrix}\begin{bmatrix}-\frac{19}{5} & -\frac{1}{5}\end{bmatrix}\right)\right]^{-1}\begin{bmatrix}1\\ 1\end{bmatrix}$$

$$=\frac{2s+3}{s^2+8s+20}\longrightarrow\frac{3}{20}\quad(s\to 0)\tag{6.11}$$

したがって，極配置後の系の定常ゲインをもとの系のものと等しくするためには状態フィードバックを施した後，ゲインを 20/5=4 倍しておく必要がある．

以上の結果をブロック線図に示すと図 6.2 になる．点線部がこの設計法によって加えた部分である．またこの図は，図 6.1 の概念図を具体的に詳しく描いたものに対応していることに注意すべきである．

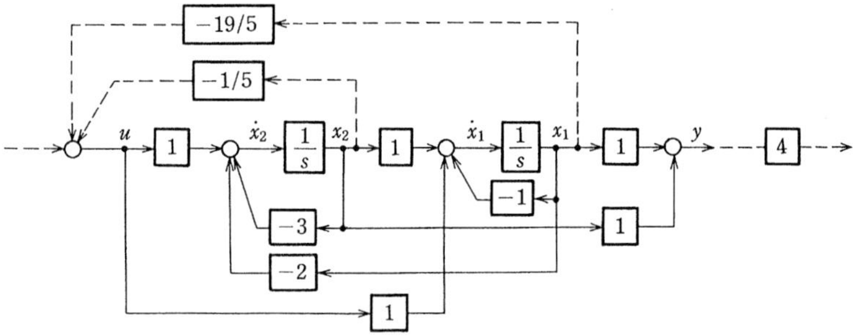

図 6.2　例題 6.1 のブロック図（図 6.1 の具体例）

この例題では，解析的な方法で状態フィードバックベクトルを求めたが，これはいつでも可能であろうか．それに対する解答が次の定理である．

状態フィードバックによる極配置の定理：制御系が状態フィードバックにより自由に極配置可能であるための必要十分条件は $(A,\ \boldsymbol{b})$ が可制御であることである．

(証明) 必要性：対偶をとって $(A,\ \boldsymbol{b})$ が可制御でないとする．前述したように線形変換によって可制御性は保存されるので，(5.41) 式の対角正準形式を考える．可制御でないことから，(5.43) 式よりある k に対して $\bar{b}_k=0$ となる．

(5.41)式に(6.3)式の状態フィードバックを施した後の $\bar{A}+\bar{\boldsymbol{b}}\boldsymbol{f}$ を計算し，k 番目の状態変数 $z_k(t)$ に対する状態方程式を求めると，

$$\dot{z}_k(t)=\lambda_k z_k(t)$$

となる．これは λ_k なる固有値が状態フィードバックを行っても不変であることを示しており，自由な極配置はできないことになる．

十分性：(6.1)式の A が与えられたとき，$\boldsymbol{f}$ を設計するアルゴリズムを具体的に示すことによって証明する．A の固有方程式を

$$|sI-A|=s^n+a_{n-1}s^{n-1}+\cdots\cdots+a_1s+a_0=0 \tag{6.12}$$

とする．(5.46)式の線形変換

$$T=VL=[\boldsymbol{b}\quad A\boldsymbol{b}\quad\cdots\cdots\quad A^{n-1}\boldsymbol{b}]\begin{bmatrix} a_1 & a_2 & \cdots & a_{n-1} & 1 \\ a_2 & a_3 & & \cdot^{\cdot^{\cdot}} & \\ \vdots & \vdots & \cdot^{\cdot^{\cdot}} & & \\ a_{n-1} & \cdot^{\cdot^{\cdot}} & & O & \\ 1 & & & & \end{bmatrix} \tag{6.13}$$

によって(6.1)式を可制御正準形式にすると，(5.33)式と同様な

$$\dot{\bar{\boldsymbol{x}}}(t)=\bar{A}\bar{\boldsymbol{x}}(t)+\bar{\boldsymbol{b}}u(t)$$

$$=\begin{bmatrix} 0 & 1 & 0 & \cdots\cdots & 0 \\ 0 & 0 & 1 & & \\ \vdots & \vdots & \vdots & \ddots & \\ 0 & 0 & 0 & \cdots\cdots & 1 \\ -a_0 & -a_1 & -a_2 & \cdots\cdots & -a_{n-1} \end{bmatrix}\bar{\boldsymbol{x}}(t)+\begin{bmatrix} 0 \\ 0 \\ \vdots \\ 0 \\ 1 \end{bmatrix}u(t) \tag{6.14}$$

が得られる．いまこの系に対する状態フィードバック行列を

$$\bar{\boldsymbol{f}}=[\bar{f}_0\quad \bar{f}_1\quad\cdots\cdots\quad \bar{f}_{n-1}] \tag{6.15}$$

として，(6.3)式の状態フィードバックを施すと次式が得られる．

$$\dot{\bar{\boldsymbol{x}}}(t)=(\bar{A}+\bar{\boldsymbol{b}}\bar{\boldsymbol{f}})\bar{\boldsymbol{x}}(t)+\bar{\boldsymbol{b}}v(t)$$

$$
= \begin{bmatrix} 0 & 1 & \cdots\cdots & 0 \\ 0 & 0 & \ddots & 0 \\ \vdots & \vdots & & \vdots \\ \vdots & \vdots & \cdots\cdots & 1 \\ \bar{f}_0 - a_0 & \bar{f}_1 - a_1 & \cdots\cdots & \bar{f}_{n-1} - a_{n-1} \end{bmatrix} \bar{\boldsymbol{x}}(t) + \begin{bmatrix} 0 \\ 0 \\ \vdots \\ 0 \\ 1 \end{bmatrix} v(t) \tag{6.16}
$$

(6.14)式に対応する固有方程式が(6.12)式になることを考えれば，(6.16)式に対応する固有方程式は

$$
s^n + (a_{n-1} - \bar{f}_{n-1}) s^{n-1} + \cdots\cdots + (a_1 - \bar{f}_1) s + a_0 - \bar{f}_0 = 0 \tag{6.17}
$$

となる．いま所望の極をもつ固有方程式を

$$
s^n + \gamma_{n-1} s^{n-1} + \cdots\cdots + \gamma_1 s + \gamma_0 = 0 \tag{6.18}
$$

とすると，これと(6.17)式が一致すればよいので，係数比較により

$$
\bar{f}_i = a_i - \gamma_i \quad (i = 0 \sim n-1) \tag{6.19}
$$

が得られる．これは(6.14)式の可制御正準系に対する設計であるが，(5.38)式の下で述べたように線形変換によっても系の入出力は不変であるから，この $u(t) = \bar{\boldsymbol{f}} \bar{\boldsymbol{x}}(t)$ なる状態フィードバックをもとの(6.1)式の系に施せば，その系の極も(6.18)式の所望のものとなる．したがって，もとの系に対する状態フィードバックは，状態変数をもとの系のものに変換することによって次式となる．

$$
u(t) = \bar{\boldsymbol{f}} \bar{\boldsymbol{x}}(t) = \bar{\boldsymbol{f}} T^{-1} \boldsymbol{x}(t) \tag{6.20}
$$

これよりもとの系に対するフィードバックベクトル $\boldsymbol{f}$ は，次式で与えられる．

$$
\boldsymbol{f} = \bar{\boldsymbol{f}} T^{-1} \tag{6.21}
$$

以上の設計手順が実行できるためには，T が正則であればよい．そのためには，(6.13)式より L は正則であるから V が正則であればよい．すなわち系が可制御であれば，(6.21)式のフィードバックベクトルによって極配置可能となる．(証明終)

次に上述のことを設計アルゴリズムとして要約しておく．

(i) $(A,\ \boldsymbol{b})$ を用いて可制御性の吟味

（ii） (6.12)式による A の固有方程式の係数 a_i ($i=1\sim n$)の計算

（iii） (6.18)式の所望の固有方程式の係数 γ_i ($i=1\sim n$)の計算

（iv） (6.19)式によるフィードバックベクトル $\bar{f}_i$ ($i=1\sim n$)の計算

（v） (6.13)式による変換行列 T の計算

（vi） (6.21)式による $\boldsymbol{f}$ の計算

5.5節から明らかなように可制御正準形式において，A 行列の最下行の要素は伝達関数の分母多項式の係数を与えている．(6.14)式と(6.16)式を比較すると A 行列の最下行のみが異なっている．このことは状態フィードバックを施すことによって，伝達関数の分母多項式すなわち極のみが変化し，分子多項式すなわち零点は不変であることを示している．これは，線形変換によって伝達関数が不変であることを考えれば，可制御正準系のみでなく一般の系に対して成立する．

したがって，例題6.1のあとに述べた定常ゲインの修正は，伝達関数の分母多項式すなわち固有方程式の定数項の変化分のみに対して行えばよい．

〔例題 6.2〕 例題6.1を上のアルゴリズムに従って解いてみよう．

〔解〕 （i） 可制御行列は

$$V=[\boldsymbol{b}\quad A\boldsymbol{b}]=\begin{bmatrix}1 & 0\\ 1 & -5\end{bmatrix}$$

となり，rank $V=2$ であるから，この系は可制御である．

（ii） A の固有方程式は(6.12)式より

$$|sI-A|=\left|\begin{bmatrix}s & 0\\ 0 & s\end{bmatrix}-\begin{bmatrix}-1 & 1\\ -2 & -3\end{bmatrix}\right|=s^2+4s+5$$

となり，$a_0=5$，$a_1=4$ となる．

（iii） 所望の極 $-4\pm 2j$ をもつ固有方程式は(6.8)式で与えられているので(6.18)式と比べて，$\gamma_0=20$，$\gamma_1=8$ となる．

（iv） (6.19)式より

$$\bar{f}_0=a_0-\gamma_0=5-20=-15$$

$$\bar{f}_1=a_1-\gamma_1=4-8=-4$$

（v）　(6.13)式の変換行列およびその逆行列は

$$T=VL=[\boldsymbol{b}\ A\boldsymbol{b}]\begin{bmatrix}a_1 & 1\\1 & 0\end{bmatrix}=\begin{bmatrix}1 & 0\\-1 & -5\end{bmatrix}\begin{bmatrix}4 & 1\\1 & 0\end{bmatrix}=\begin{bmatrix}4 & 1\\-1 & 1\end{bmatrix}$$

$$T^{-1}=\begin{bmatrix}4 & 1\\-1 & 1\end{bmatrix}^{-1}=\frac{1}{5}\begin{bmatrix}1 & -1\\1 & 4\end{bmatrix}$$

（vi）　(6.21)式より

$$\boldsymbol{f}=[f_0\quad f_1]=\bar{\boldsymbol{f}}T^{-1}=[-15\quad -4]\frac{1}{5}\begin{bmatrix}1 & -1\\1 & 4\end{bmatrix}=\frac{1}{5}[-19\quad -1]$$

となり，これは先の結果と一致している．

6.2　最適レギュレータ

(6.1)式の制御系は可制御であると仮定し，これに対して2次形式評価関数

$$J=\int_0^\infty (\boldsymbol{x}^T(t)Q\boldsymbol{x}(t)+ru^2(t))\,dt \tag{6.22}$$

を最小にするような制御 $u(t)$ を決定する問題を最適レギュレータ問題という．上式で Q は正（定）値対称行列（任意のベクトル $\boldsymbol{z}(\neq 0)$ に対して $\boldsymbol{z}^TQ\boldsymbol{z}>0$ となる行列を正値行列という．制御の分野では positive definite matrix を逐語訳して正定値行列といっているが，数学の分野では昔からこれを正値行列と呼んでおり正定値という用語はないので本書でも正値と呼ぶ.)，$r>0$ とする．この Q と r は $\boldsymbol{x}(t)$，$u(t)$ が評価関数 J に寄与する重みづけを表している．

この問題の解は

$$u(t)=-\frac{1}{r}\boldsymbol{b}^TP\boldsymbol{x}(t) \tag{6.23}$$

なる状態フィードバックで与えられる．ただし，P は次の定常リッカチの行列方程式の正値対称解として与えられる．

$$A^TP+PA+Q-\frac{1}{r}P\boldsymbol{b}\boldsymbol{b}^TP=\boldsymbol{0} \tag{6.24}$$

この証明を以下に示す．(6.1)，(6.24)式を用いると次の変形が得られる．

$$\boldsymbol{x}^T(t)Q\boldsymbol{x}(t)+ru^2(t)=\boldsymbol{x}^T(t)\left(-A^TP-PA+\frac{1}{r}P\boldsymbol{b}\boldsymbol{b}^TP\right)\boldsymbol{x}(t)+ru^2(t)$$

$$=(-\dot{\boldsymbol{x}}(t)^T+\boldsymbol{b}^Tu(t))\boldsymbol{P}\boldsymbol{x}(t)+\boldsymbol{x}^T(t)P(-\dot{\boldsymbol{x}}(t)+\boldsymbol{b}u(t))$$

$$+\frac{1}{r}\boldsymbol{x}^T(t)P\boldsymbol{b}\boldsymbol{b}^TP\boldsymbol{x}(t)+ru^2(t)$$

$$=-\frac{d}{dt}\left[\boldsymbol{x}^T(t)P\boldsymbol{x}(t)\right]+r\left\{u(t)+\frac{1}{r}\boldsymbol{b}^TP\boldsymbol{x}(t)\right\}^2 \qquad (6.25)$$

両辺を t に関して 0 から ∞ まで積分すると，左辺は(6.22)式の J に一致するから

$$J=-\left[\boldsymbol{x}^T(t)P\boldsymbol{x}(t)\right]_0^\infty+r\int_0^\infty\left\{u(t)+\frac{1}{r}\boldsymbol{b}^TP\boldsymbol{x}(t)\right\}^2dt \qquad (6.26)$$

が得られる．この系に対して $\lim_{t\to\infty}\boldsymbol{x}(t)=0$ が証明（ここでは省略）できるので(6.26)式は

$$J=\boldsymbol{x}^T(0)P\boldsymbol{x}(0)+r\int_0^\infty\left\{u(t)+\frac{1}{r}\boldsymbol{b}^TP\boldsymbol{x}(t)\right\}^2dt \qquad (6.27)$$

となり，これを最小にする $u(t)$ は(6.23)式で与えられることがわかる．また，そのときの最小値は(6.27)式より次式となる．

$$\min J=\boldsymbol{x}^T(0)P\boldsymbol{x}(0) \qquad (6.28)$$

(6.1)式に(6.23)式を代入すると

$$\dot{\boldsymbol{x}}(t)=\left(\mathrm{A}-\frac{1}{r}\boldsymbol{b}\boldsymbol{b}^TP\right)\boldsymbol{x}(t) \qquad (6.29)$$

なる閉ループ系が構成されるが，これは最適レギュレータと呼ばれている．

〔例題 6.3〕 次の状態方程式と評価関数が与えられているとき，この評価関数を最小にする最適制御 $u(t)$ を求めよ．

$$\dot{\boldsymbol{x}}(t)=\begin{bmatrix}0 & 1\\ -2 & -3\end{bmatrix}\boldsymbol{x}(t)+\begin{bmatrix}0\\1\end{bmatrix}u(t)$$

$$J=\int_0^\infty\left(\boldsymbol{x}^T(t)\begin{bmatrix}5 & 0\\0 & 14\end{bmatrix}\boldsymbol{x}(t)+u^2(t)\right)dt$$

〔解〕 正値対称行列 P を

$$P=\begin{bmatrix} p_{11} & p_{12} \\ p_{12} & p_{22} \end{bmatrix}$$

とすると，(6.24)式の定常リッカチ方程式は

$$\begin{bmatrix} 0 & -2 \\ 1 & -3 \end{bmatrix}\begin{bmatrix} p_{11} & p_{12} \\ p_{12} & p_{22} \end{bmatrix}+\begin{bmatrix} p_{11} & p_{12} \\ p_{12} & p_{22} \end{bmatrix}\begin{bmatrix} 0 & 1 \\ -2 & -3 \end{bmatrix}+\begin{bmatrix} 5 & 0 \\ 0 & 14 \end{bmatrix}$$
$$-\begin{bmatrix} p_{11} & p_{12} \\ p_{12} & p_{22} \end{bmatrix}\begin{bmatrix} 0 \\ 1 \end{bmatrix}\begin{bmatrix} 0 & 1 \end{bmatrix}\begin{bmatrix} p_{11} & p_{12} \\ p_{12} & p_{22} \end{bmatrix}=0$$

となる．これより次式が得られる．

$$\begin{cases} -2p_{12}-2p_{12}+5-p_{12}{}^2=0 \\ -2p_{22}+p_{11}-3p_{12}+0-p_{12}p_{22}=0 \\ p_{12}-3p_{22}+p_{12}-3p_{22}+14-p_{22}{}^2=0 \end{cases}$$

P が正値行列となるように，p_{ij} を求めると

$$p_{11}=9,\quad p_{12}=1,\quad p_{22}=2$$

が得られ，最適制御 $u(t)$ は(6.23)式より次式となる．

$$u(t)=-\frac{1}{r}\boldsymbol{b}^T P\boldsymbol{x}(t)=-\begin{bmatrix} 0 & 1 \end{bmatrix}\begin{bmatrix} 9 & 1 \\ 1 & 2 \end{bmatrix}\boldsymbol{x}(t)=-\begin{bmatrix} 1 & 2 \end{bmatrix}\boldsymbol{x}(t)$$

6.3 積分形制御系

3.6節で0型の系，1型の系について述べたが，これに相当したことを状態空間法による設計で行ってみよう．

いま(6.1)，(6.2)式の制御対象は $s=0$ なる極をもたないものとする．これに対する l 型のサーボ系は図6.3の実線部のように構成される．すなわち点線で囲った制御対象のまえに l 個の積分器を縦続すればよい．追加した積分器の出力を状態変数 $z_1 \sim z_l$ とすると，これを含んだ拡大系の状態方程式は

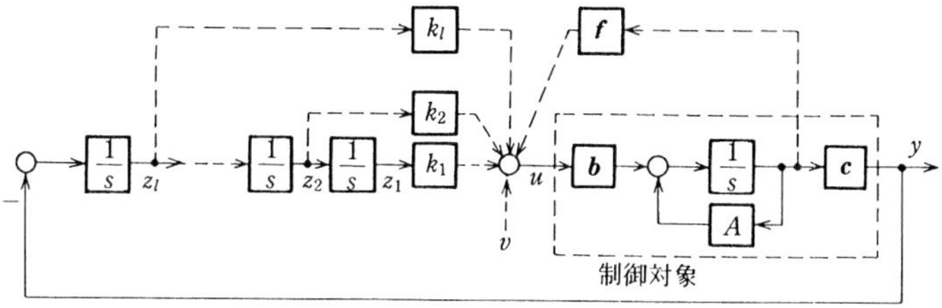

図 6.3 l 型サーボ系の極配置設計

$$\begin{bmatrix} \dot{\boldsymbol{x}} \\ \dot{z}_1 \\ \dot{z}_2 \\ \vdots \\ \dot{z}_l \end{bmatrix} = \left[\begin{array}{c|cccc} A & & O & & \\ \hline 0 & 0 & 1 & & O \\ 0 & \vdots & \vdots & \ddots & \\ \vdots & & & & 1 \\ -\boldsymbol{c} & 0 & 0 & \cdots\cdots & 0 \end{array}\right] \begin{bmatrix} \boldsymbol{x} \\ z_1 \\ z_2 \\ \vdots \\ z_l \end{bmatrix} + \begin{bmatrix} \boldsymbol{b} \\ 0 \\ 0 \\ \vdots \\ 0 \end{bmatrix} u \tag{6.30}$$

となる．ただし時間変数 t は省略した．いまこの式を

$$\dot{\boldsymbol{y}} = E\boldsymbol{y} + \boldsymbol{g}u \tag{6.31}$$

と表記すると次式が定義できる．

$$\boldsymbol{y} \triangleq \begin{bmatrix} \boldsymbol{x} \\ z_1 \\ \vdots \\ z_l \end{bmatrix} \triangleq \begin{bmatrix} \boldsymbol{x} \\ \boldsymbol{z} \end{bmatrix}, \quad E \triangleq \left[\begin{array}{c|cccc} A & & O & & \\ \hline 0 & 0 & 1 & O & \\ \vdots & \vdots & & \ddots & \\ & & & & 1 \\ -\boldsymbol{c} & 0 & & \cdots\cdots & 0 \end{array}\right], \quad \boldsymbol{g} \triangleq \begin{bmatrix} \boldsymbol{b} \\ 0 \\ \vdots \\ 0 \end{bmatrix} \tag{6.32}$$

図 6.3 より，この拡大系の u から z_1 までの開ループ伝達関数 $G_0(s)$ は，u から y までのもとの制御対象の伝達関数が

$$\boldsymbol{c}(sI\text{-}A)^{-1}\boldsymbol{b} \tag{6.33}$$

で与えられることを考えると，それに，l 個の積分器を縦続したものであるから

$$G_0(s) = \frac{1}{s^l}\boldsymbol{c}(sI\text{-}A)^{-1}\boldsymbol{b} \tag{6.34}$$

となる．いま(6.33)式の制御対象が可制御，可観測で原点に零点をもたないものとすると，(6.34)式の $G_0(s)$ には極零相殺がなく，システム $G_0(s)$ 換言すれば

システム(6.31)式は可制御となる．したがって，この拡大系に対して状態フィードバックによる極配置や最適レギュレータの設計が可能となる．

たとえば，状態フィードバックによる極配置は，(6.31) 式に対して

$$u=\boldsymbol{hy}+v \tag{6.35}$$

$$\boldsymbol{h}=[\boldsymbol{f}\quad \boldsymbol{k}]=[f_0\quad f_1\cdots f_{n-1}\quad k_1\quad k_2\cdots k_l] \tag{6.36}$$

とすると，図 6.3 の点線で示したように構成される．このとき状態フィードバックを施した後の固有方程式は

$$|sI-E-\boldsymbol{gh}|=0 \tag{6.37}$$

となり，これが所望の極をもつ固有方程式に一致するような$\boldsymbol{h}$を求めればよい．ただし，ここでは例題 6.1 で述べた定常ゲインの修正を省略した．

〔例題 6.4〕 次式で表される制御対象に対して，1 型のサーボ型を構成し，拡大系の極が-2, -3, -4 をもつように状態フィードバックベクトルを設計せよ．

$$\dot{\boldsymbol{x}}=\begin{bmatrix} 0 & 1 \\ -1 & -2 \end{bmatrix}\boldsymbol{x}+\begin{bmatrix} 0 \\ 1 \end{bmatrix}u,\quad y=[1\quad 0]\boldsymbol{x} \tag{6.38}$$

〔解〕 はじめに上式の可制御性を吟味しよう．可制御行列 V は

$$V=[\boldsymbol{b}\quad A\boldsymbol{b}]=\begin{bmatrix} 0 & 1 \\ 1 & -2 \end{bmatrix}$$

となり，rank $V=2$ であるからこの系は可制御である．

この系の伝達関数 $G(s)$ は

$$G(s)=\boldsymbol{c}(sI-A)^{-1}\boldsymbol{b}=[1\quad 0]\begin{bmatrix} s & -1 \\ 1 & s+2 \end{bmatrix}^{-1}\begin{bmatrix} 0 \\ 1 \end{bmatrix}$$

$$=\frac{1}{(s+1)^2} \tag{6.39}$$

となるから，これは $s=0$ に極をもたない 0 型の系である．したがって，1 型の系にするには積分器を 1 個追加すればよい．

$l=1$ として，(6.31) (6.32)式に(6.38)式を代入すると拡大系は

$$\boldsymbol{y}=\begin{bmatrix} x_1 \\ x_2 \\ \hline z_1 \end{bmatrix}, \quad E=\left[\begin{array}{cc|c} 0 & 1 & 0 \\ -1 & -2 & 0 \\ \hline -1 & 0 & 0 \end{array}\right], \quad \boldsymbol{g}=\begin{bmatrix} 0 \\ 1 \\ \hline 0 \end{bmatrix} \tag{6.40}$$

となる．(6.36)式の状態フィードバックベクトルは

$$\boldsymbol{h}=[f_0 \quad f_1 \quad k_1] \tag{6.41}$$

となり，(6.37) 式の固有方程式は次のようになる．

$$|sI-E-\boldsymbol{gh}|=\left|\begin{bmatrix} s & 0 & 0 \\ 0 & s & 0 \\ 0 & 0 & s \end{bmatrix}-\begin{bmatrix} 0 & 1 & 0 \\ -1 & -2 & 0 \\ -1 & 0 & 0 \end{bmatrix}-\begin{bmatrix} 0 \\ 1 \\ 0 \end{bmatrix}[f_0 \quad f_1 \quad k]\right|$$

$$=\begin{vmatrix} s & -1 & 0 \\ 1-f_0 & s+2-f_1 & -k_1 \\ 1 & 0 & s \end{vmatrix}=s^3+(2-f_1)s^2+(1-f_0)s+k_1 \tag{6.42}$$

所望の極に対する固有方程式は

$$(s+2)(s+3)(s+4)=\mathrm{s}^3+9s^2+26s+24 \tag{6.43}$$

となる．(6.42) 式と (6.43) 式の係数比較より

$$2-f_1=9, \quad 1-f_0=26, \quad k_1=24$$

が得られ，状態フィードバックベクトル $\boldsymbol{h}$ は次式となる．

$$\boldsymbol{h}=[f_0 \quad f_1 \quad k_1]=[-25 \quad -7 \quad 24]$$

6.4 状態観測器

前節までに述べた設計法は状態フィードバックによって実現されるものであるが，状態変数は制御系の内部変数であるので，常に直接測定可能であるとは限らない．そのようなときは，直接測定可能な制御系の入出力から状態変数を推定する必要があり，その目的を達成するものが**状態観測器**である．

制御対象は(6.1)，(6.2)式で表現され，A，$\boldsymbol{b}$，$\boldsymbol{c}$ は既知とする．このとき図6.4の点線で囲まれたような状態観測器を考え，その状態変数を $\hat{\boldsymbol{x}}(t)$ とすると

$$\dot{\hat{\boldsymbol{x}}}(t)=(A-\boldsymbol{gc})\hat{\boldsymbol{x}}(t)+\boldsymbol{g}y(t)+\boldsymbol{b}u(t) \tag{6.44}$$

が成立する．いま

$$\boldsymbol{e}(t)=\boldsymbol{x}(t)-\hat{\boldsymbol{x}}(t) \tag{6.45}$$

とすると，(6.1)，(6.2)，(6.44)式よりこの $\boldsymbol{e}(t)$ に対して

$$\dot{\boldsymbol{e}}(t)=(A-\boldsymbol{gc})\boldsymbol{e}(t) \tag{6.46}$$

が得られる．したがって $A-\boldsymbol{gc}$ が安定（固有値の実部が負）ならば，$t\to\infty$ で $\boldsymbol{e}(t)\to 0$ すなわち $\hat{\boldsymbol{x}}(t)\to\boldsymbol{x}(t)$ となり，この収束速度を速くすれば $\boldsymbol{x}(t)$ の代わりに $\hat{\boldsymbol{x}}(t)$ を代用することができる．この状態観測器は，その状態変数 $\hat{\boldsymbol{x}}(t)$ の次数が，もとの制御対象の状態変数 $\boldsymbol{x}(t)$ の次数と等しいことから，**同一次元状態観測器**と呼ばれる．

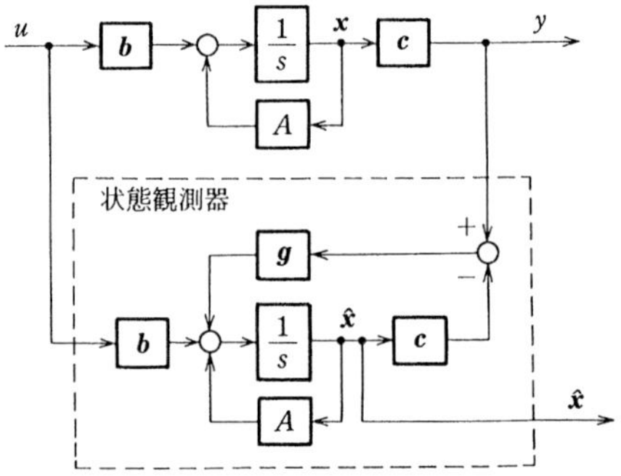

図 6.4　同一次元状態観測器の構成

収束速度は A-$\boldsymbol{gc}$ の固有値によって決まるので，これを自由に設定できる $\boldsymbol{g}$ を選べるかどうかが問題となる．$A-\boldsymbol{gc}$ の固有値は $A^T-\boldsymbol{c}^T\boldsymbol{g}^T$ の固有値と等しいので，6.1 節で述べたように $(A^T,\ \boldsymbol{c}^T)$ が可制御であれば所望の固有値をもつように $\boldsymbol{g}$ を選べる．すなわち，5.3 節で述べた双対性より，$(A,\ \boldsymbol{c})$ が可観測であれば，状態観測器の収束速度を任意に速くできる．

〔例題 6.5〕　例題 6.1 の系に対する同一次元状態観測器を設計せよ．ただし観測器の固有値は -10 の 2 重固有値とせよ．

〔解〕(6.5)(6.6)式より

$$A=\begin{bmatrix}-1 & 1\\ -2 & -3\end{bmatrix},\quad \boldsymbol{c}=[1 \quad 1] \tag{6.47}$$

となる．可観測行列Nは

$$N=[\boldsymbol{c}^T \quad A^T\boldsymbol{c}^T]=\begin{bmatrix}1 & -3\\ 1 & -2\end{bmatrix}$$

となるから，rank $N=2$ となり，この系は可観測である．

所望の-10の2重固有値に対する固有方程式は

$$(s+10)^2=s^2+20s+100 \tag{6.48}$$

となる．$\boldsymbol{g}^T=[g_1 \quad g_2]$とすると

$$A-\boldsymbol{gc}=\begin{bmatrix}-1 & 1\\ -2 & -3\end{bmatrix}-\begin{bmatrix}g_1\\ g_2\end{bmatrix}[1 \quad 1]=\begin{bmatrix}-1-g_1 & 1-g_1\\ -2-g_2 & -3-g_2\end{bmatrix}$$

となるから，状態観測器の固有方程式は

$$|sI-(A-\boldsymbol{gc})|=\left|\begin{bmatrix}s & 0\\ 0 & s\end{bmatrix}-\begin{bmatrix}-1-g_1 & 1-g_1\\ -2-g_2 & -3-g_2\end{bmatrix}\right|$$

$$=s^2+(g_1+g_2+4)s+g_1+2g_2+5 \tag{6.49}$$

となる．これが(6.48)式に一致すればよいから，次式が成立する．

$$\begin{cases}g_1+g_2+4=20\\ g_1+2g_2+5=100\end{cases}$$

これより　$g_1=-63$，$g_2=79$ となる．

同一次元観測器では，その次数が制御対象の次数と同じであったが，出力 $y(t)$は測定可能であるから，その次元だけ減らせればそれだけ簡単な構造の観測器が構成できる．このようなものを**最小次元状態観測器**という．ここでは単一入出力系を取り扱っているので，$y(t)$は1次元であり，観測器の次数は一つしか減らないが，多入出力系においては $\boldsymbol{y}(t)$をp次元とすると，観測器の次数も

pだけ減少するので，かなり有効となる．

いま測定可能な出力 $y(t)$ と $(n-1)$ 次元ベクトル $\boldsymbol{z}(t)$ を合せて

$$\begin{bmatrix} \boldsymbol{z}(t) \\ y(t) \end{bmatrix} = \begin{bmatrix} W_1 \\ \boldsymbol{c} \end{bmatrix} \boldsymbol{x}(t) \tag{6.50}$$

とし，この $\boldsymbol{z}(t)$ を推定する状態観測器を構成し，その推定値を $\hat{\boldsymbol{z}}(t)$ とする．このとき $\boldsymbol{x}(t)$ の推定値 $\hat{\boldsymbol{x}}(t)$ を

$$\begin{aligned} \hat{\boldsymbol{x}}(t) &= \begin{bmatrix} W_1 \\ \boldsymbol{c} \end{bmatrix}^{-1} \begin{bmatrix} \hat{\boldsymbol{z}}(t) \\ y(t) \end{bmatrix} \\ &= L \begin{bmatrix} \hat{\boldsymbol{z}}(t) \\ y(t) \end{bmatrix} = [L_1 \quad \boldsymbol{l}_2] \begin{bmatrix} \hat{\boldsymbol{z}}(t) \\ y(t) \end{bmatrix} \\ &= L_1 \hat{\boldsymbol{z}}(t) + \boldsymbol{l}_2 y(t) \end{aligned} \tag{6.51}$$

により求めて，測定可能な出力 $y(t)$ を有効に利用しようというものである．ここで L は $n \times n$，L_1 は $n \times (n-1)$，$\boldsymbol{l}_2$ は $n \times 1$ である．また(6.50)式より

$$\boldsymbol{z}(t) = W_1 \boldsymbol{x}(t) \tag{6.52}$$

であり，$(n-1) \times n$ 行列 W_1 は行列 $\begin{bmatrix} W_1 \\ \boldsymbol{c} \end{bmatrix}$ が正則になるようにとるものとする．

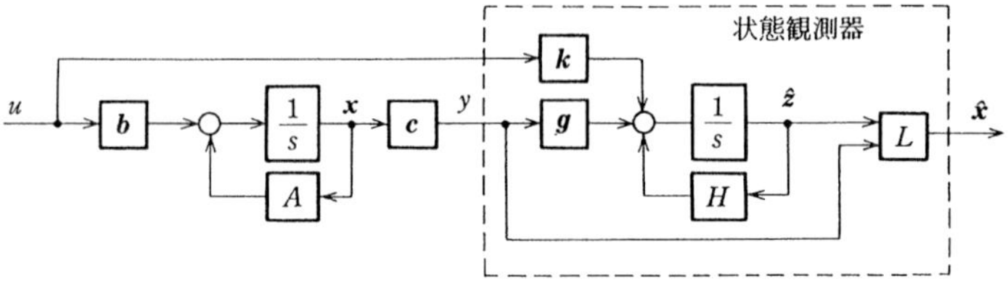

図 6.5　最小次元状態観測器の構成

このような状態観測器を図 6.5 の点線部のように構成することにすると，$\hat{\boldsymbol{z}}(t)$ に対して図より

$$\dot{\hat{\boldsymbol{z}}}(t) = H \hat{\boldsymbol{z}}(t) + \boldsymbol{g} y(t) + \boldsymbol{k} u(t) \tag{6.53}$$

が成立する．

$$\boldsymbol{e}(t)=\hat{\boldsymbol{z}}(t)-\boldsymbol{z}(t)$$
$$=\hat{\boldsymbol{z}}(t)-W_1\boldsymbol{x}(t) \tag{6.54}$$

とすると，(6.1)，(6.53)式より

$$\dot{\boldsymbol{e}}(t)=H\boldsymbol{e}(t)+(HW_1-W_1A+\boldsymbol{gc})\boldsymbol{x}(t)+(\boldsymbol{k}-W_1\boldsymbol{b})u(t) \tag{6.55}$$

が得られる．ここで

$$\boldsymbol{k}=W_1\boldsymbol{b} \tag{6.56}$$

$$W_1A-HW_1=\boldsymbol{gc} \tag{6.57}$$

が成立すれば，(6.55)式は

$$\dot{\boldsymbol{e}}(t)=H\boldsymbol{e}(t) \tag{6.58}$$

となり，H の固有値の実数部が負ならば，$t\to\infty$ で $\boldsymbol{e}(t)\to 0$ すなわち $\hat{\boldsymbol{z}}(t)\to\boldsymbol{z}(t)$ となり，(6.51)式が $\boldsymbol{x}(t)$ の状態観測器となる．

(6.57)式は，A と H が共通の固有値をもたなければ，W_1 について一意的に解けることがわかっている．

以上の最小次元状態観測器の設計法を要約しておく．

(i) (6.50)式中の W_1 の要素を未知数としておく．

(ii) (6.56)，(6.57)式をみたすように W_1，$\boldsymbol{k}$，$\boldsymbol{g}$，H を決める．

(iii) (6.51)式の

$$\begin{bmatrix} W_1 \\ \boldsymbol{c} \end{bmatrix}^{-1}=L=[L_1 \quad \boldsymbol{l}_2] \tag{6.59}$$

を計算する．

〔例題 6.6〕 例題6.5に対する最小$(n-1=1)$次元状態観測器を設計せよ．ただし(6.58)式の H（ここではスカラーとなる）は $H=-10$ とせよ．

〔解〕 (i) (6.50)式より，$W_1=[w_1 \quad w_2]$

(ii) (6.56)式中の $\boldsymbol{k}$ はスカラー k となり，次式が得られる。

$$k=[w_1 \quad w_2]\begin{bmatrix} 1 \\ 1 \end{bmatrix}$$
$$=w_1+w_2 \tag{6.60}$$

(6.57)式中の $\boldsymbol{g}$ もスカラー g となり，次式が得られる．

$$[w_1 \quad w_2]\begin{bmatrix} -1 & 1 \\ -2 & -3 \end{bmatrix} + 10[w_1 \quad w_2] = g[1 \quad 1]$$

すなわち

$$\begin{cases} 9w_1 - 2w_2 = g \\ w_1 + 7w_2 = g \end{cases}$$

いま，$g=13$ とすると，w_1，w_2 および(6.60)式の k は次式となる．

$$w_1 = 9/5, \qquad w_2 = 8/5, \qquad k = 17/5$$

(iii)　(6.59)式より，L は次のように求められる．

$$L = [L_1 \quad \boldsymbol{l}_2] = \begin{bmatrix} 9/5 & 8/5 \\ 1 & 1 \end{bmatrix}^{-1} = \begin{bmatrix} 5 & -8 \\ -5 & 9 \end{bmatrix}$$

演　習　問　題

1．次の制御系の可制御性を吟味した後，その極を $-5 \pm j2$，-6 に配置するための状態フィードバック行列を，例題6.1および例題6.2の方法によって求めよ．またその結果のブロック線図を描け．

$$\dot{\boldsymbol{x}}(t) = \begin{bmatrix} -4 & 2 & 0 \\ 1 & -3 & 1 \\ 0 & 1 & -2 \end{bmatrix} \boldsymbol{x}(t) + \begin{bmatrix} 2 \\ 0 \\ 0 \end{bmatrix} u(\boldsymbol{t})$$

2．次の制御系と評価関数に対して，この評価関数を最小にする状態フィードバック制御を求めよ．

$$\dot{\boldsymbol{x}}(t) = \begin{bmatrix} 0 & 1 \\ -6 & -2 \end{bmatrix} \boldsymbol{x}(t) + \begin{bmatrix} 0 \\ 1 \end{bmatrix} u(t)$$

$$J = \int_0^\infty \left(\boldsymbol{x}^T(t) \begin{bmatrix} 26 & 0 \\ 0 & 38 \end{bmatrix} \boldsymbol{x}(t) + 2u^2(t) \right) dt$$

3．次式の制御系に対して，2型のサーボ系を構成し，その拡大系の極を -3，-4，-5 とするための状態フィードバックベクトルを求めよ．また結果のブロック線図を描け．

$$\begin{cases} \dot{x} = -x + u \\ y = x \end{cases}$$

4．制御系が次式で与えられている．

$$\dot{\boldsymbol{x}}(t)=\begin{bmatrix}0 & 1 & 0\\0 & 0 & 1\\0 & 0 & -1\end{bmatrix}\boldsymbol{x}(t)+\begin{bmatrix}0\\0\\1\end{bmatrix}u(\boldsymbol{t})$$

$$y(t)=[1\quad 0\quad 0]\boldsymbol{x}(t)$$

（1） 所望の極 -2, -3, -4 をもつような同一次元状態観測器を設計せよ.

（2） $H=\begin{bmatrix}-4 & 0\\0 & -5\end{bmatrix}$となるような最小次元状態観測器を設計せよ.

7. 離散時間制御系

前章までの制御系は，各部の信号が時間的に連続であったが，制御対象は連続時間系であるが制御出力などをフィードバックする際の信号の検出方法が時間的に不連続であるとか，制御装置にディジタル計算機を用いている場合とかは必然的に信号が時間的に不連続になる．連続時間信号から離散時間信号を作る場合のように，ある一定時間間隔で瞬時に開閉するスイッチ動作をサンプリングといい，このスイッチのことをサンプラという．ディジタル計算機などが制御信号を一定時間ごとに出力する動作などもこれにあたる．サンプラを要素として含むような制御系はサンプル値制御系と呼ばれている．サンプル値制御系には有限整定応答という連続時間制御系にはない制御特性をもたせることができる．

ディジタル制御系とは，サンプル値制御系の制御器としてディジタル計算機が用いられている場合を指していうことが多い．

また，離散時間制御系という語も連続時間制御系に対比してよく用いられるが，これは制御系のすべての信号が離散時間信号の場合をいう．

サンプル値制御系，ディジタル制御系，離散時間制御系という用語には，一応以上のような微妙な違いをもたせている書物もあるが，本書ではこの違いを明確にせず，以下では漠然と離散時間(制御)系という語を主に用いる．

多くの書物ではインパルスを用いて離散時間制御系を説明しているが，このインパルスという概念は理解しにくいようである．本章では，はじめこの概念を用いることなく，離散時間制御系について一通りの説明を行い，最後にインパルスを用いた解析を補足する．

7.1 サンプリングとサンプリング定理

離散時間制御系の具体例としては，制御系の制御器としてディジタル計算機（あるいはマイクロプロセッサ）を用いる場合が圧倒的に多い．この様子を図7.1に示す．

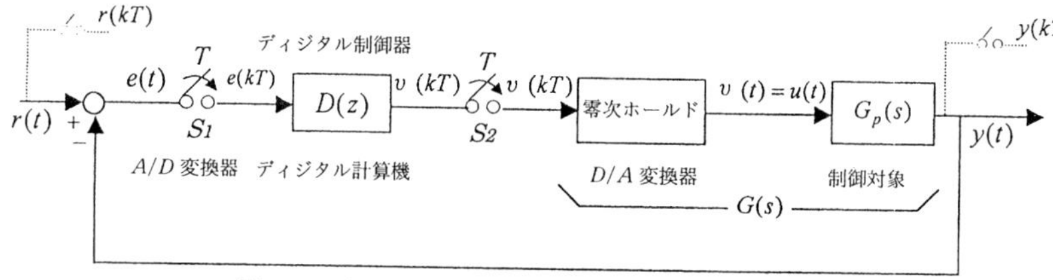

図7.1 ディジタル制御器をもつフィードバック制御系

図で実際の制御対象は連続時間系であるので，制御量（あるいは出力）$y(t)$，目標入力 $r(t)$ も連続時間量であることを強調しておく．ある一定の時間間隔で瞬時に開閉する理想的なスイッチ動作をサンプリングといい，このスイッチをサンプラ，一定の時間間隔 T をサンプル（あるいはサンプリング）周期という．またサンプラ S_1，S_2 は同時に開閉する（S_1，S_2 は同期している）．サンプラ S_1 は連続時間量 $e(t)$ を離散時間量 $e(kT)$ に変換しており，この動作もサンプリングという．図7.2はこの動作を一般の信号 $f(t)$ について示したものである．

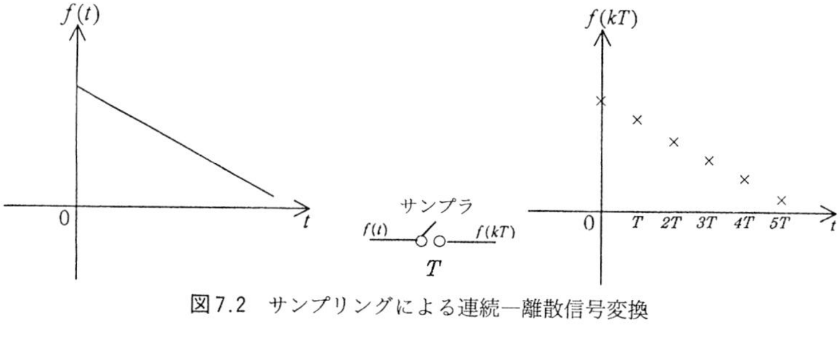

図7.2 サンプリングによる連続—離散信号変換

図7.1での $r(t)$，$y(t)$ の離散時間信号を考えたい場合は点線で示すように仮想的にサンプラ(これを仮想サンプラという)を挿入すればよい．離散時間信号は，時間に関して離散的な数値列 $f(0)f(T)f(2T)\cdots f(kT)\cdots$ を表わすが，これを時系列と言ったり $\{f(kT)\}$ ($\{\ \}$は集合の意味)と表記したりする．またラプラス変換のときと同様 $k<0$ に対して $f(kT)=0$ とする．

連続時間信号をサンプルして離散時間信号を得るとき，あるいは図7.1のように連続時間系にディジタル制御器を挿入するとき，サンプリング周期をどの程度にするかということは重要な問題である．これについては通信理論の分野で有名なサンプリング定理というものがある．これは，信号を正弦波としたとき，その信号に含まれる最大周波数の2倍以上の速さの周波数でサンプリングすれば，サンプリングされた離散時間信号から，もとの連続時間信号を再現できるというものである．この様子を図7.3に示す(この図については7.8節cで詳述する)．図の $F(j\omega)$ は連続時間信号 $f(t)$ のフーリエ変換を意味している．(a)図に示すように信号の最大角周波数が ω_m のとき，サンプリング角周波数を ω_s とすると，$\omega_s>2\omega_m$ ならば(b)図のように，サンプリングされた

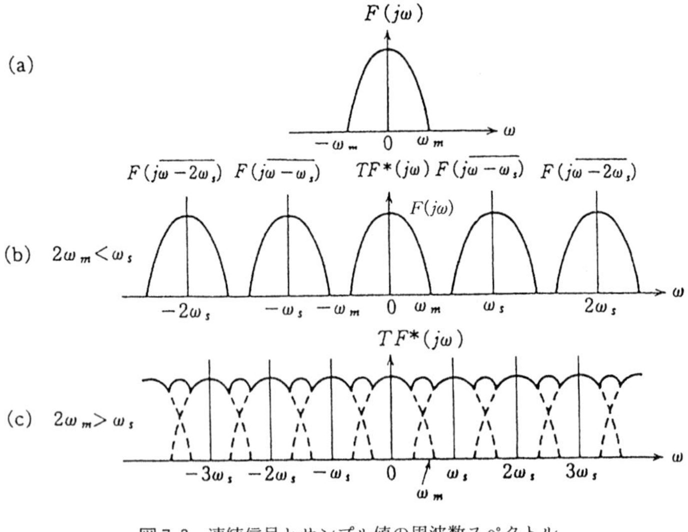

図7.3　連続信号とサンプル値の周波数スペクトル

信号のフーリエ変換 $F^*(j\omega)$ はその側帯波が重畳せず，$F^*(j\omega)$ にフィルタを通すことによってもとの(a)図の $F(j\omega)$ を分離して取り出すことができる．$\omega_s < 2\omega_m$ となると(c)図のようにサンプリングされた信号の $F^*(j\omega)$ は側帯波が重畳し，フィルタを用いてももとの信号 $F(j\omega)$ が分離できなくなる．

サンプリング定理は正弦波信号に対するものであるが，制御系内の信号は正弦波とも限らない．したがって制御系のときは，サンプリング周波数を系内に含まれる信号の最大周波数の5～10倍程度にすればよいともいわれているが，これはどのような制御方式を用いるかにも大きく依存する．

7.2　z 変換と逆 z 変換

前章までの連続時間系に対して，ラプラス変換が有力な解析手段となったが，これに対し離散時間系に対しては z 変換が有力な解析手段となる．次にこれを説明しよう．

a.　z　変　換

離散時間信号 $\{f(kT)\}$ に対する z 変換 $F(z)$ は次のように表記および定義される．

$$F(z) = Z[f(kT)] = \sum_{k=0}^{\infty} f(kT)z^{-k} = f(0) + f(T)z^{-1} + f(2T)z^{-2} + \cdots \tag{7.1}$$

上式より，$F(z)$ を z^{-k} のべき級数展開したとき，z^{-k} の係数は，時刻 kT における時間関数の値 $f(kT)$ を与えていることに注意されたい．

このように，z 変換は連続時間信号でなく，離散時間信号に対して定義されるものであるが，制御系においてはもともと連続時間信号 $f(t)$ が扱われており，それがサンプルされたものが $\{f(kT)\}$ であると考えると，$\{f(kT)\}$ が $f(t)$ と置きかえられ，(7.1)式の代りに

$$F(z) = Z[f(t)] = Z[F(s)] \tag{7.2}$$

と表記したりもする．ただし $F(s) = L[f(t)]$．(7.2)式は数学的厳密性を欠く

が，以下でもこの表記は便宜的に用いることにする．さらに数学的には離散時間信号を $f(k)$ と表記するが，本書ではサンプル周期 T を陽に表現したいので $f(kT)$ と表記する．これは $f(k)$ と $f(k+1)$ は時間間隔1だけ隔った信号と考えられるが，この時間間隔はあらかじめ定っているものであるから，それを T としても一般性を失うことはないからである．

〔**例題 7.1**〕　$f(kT)=1$，すなわちステップ関数をサンプルした信号の z 変換は，次式となる．

$$F(z)=Z[1]=\sum_{k=0}^{\infty}1\cdot z^{-k}=1+z^{-1}+z^{-2}+\cdots$$
$$=\frac{1}{1-z^{-1}}=\frac{z}{z-1} \tag{7.3}$$

〔**例題 7.2**〕　$f(kT)=e^{-akT}$ すなわち $f(t)=e^{-at}$ をサンプルした信号の z 変換は次式となる．

$$F(z)=Z[e^{-akT}]=\sum_{k=0}^{\infty}e^{-akT}z^{-k}=1+e^{-aT}z^{-1}+e^{-2aT}z^{-2}+\cdots$$
$$=\frac{1}{1-e^{-aT}z^{-1}}=\frac{z}{z-e^{-aT}} \tag{7.4}$$

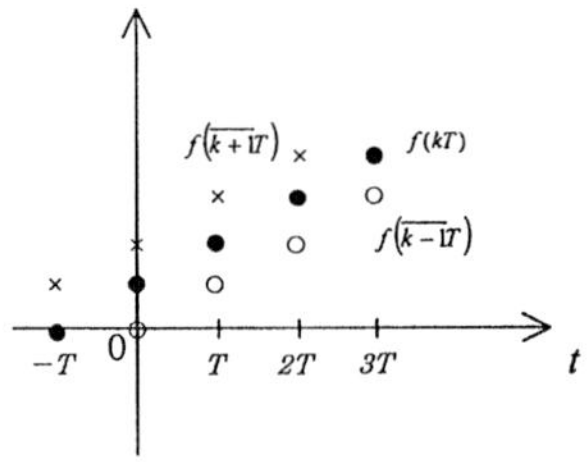

図 7.4　1サンプル進み，遅れ信号

図 7.4 の×印に示すような1サンプル進んだ信号 $\{f(\overline{k+1}\,T)\}$ に対する z 変換は

$$Z[f(\overline{k+1}\,T)]=\sum_{k=0}^{\infty}f(\overline{k+1}\,T)z^{-k}=f(T)z^{0}+f(2T)z^{-1}+f(3T)z^{-2}+\cdots$$
$$=zF(z)-zf(0) \tag{7.5}$$

となる．ただし $F(z)=Z[f(kT)]$ とする．同様にすると l サンプル進んだ信号に対する z 変換は

$$
\begin{aligned}
Z[f(\overline{k+l}\,T)] &= z^l F(z) - z^l f(0) - z^{l-1} f(T) - \cdots - z f(\overline{l-1}\,T) \\
&= z^l \left[F(z) - \sum_{i=0}^{l-1} f(iT) z^{-i} \right]
\end{aligned}
\tag{7.6}
$$

図7.4 ○印に示すような1サンプル遅れた信号 $\{f(\overline{k-1}\,T\}$ に対する z 変換は，$k<0$ に対して $f(kT)=0$ を考えると

$$
\begin{aligned}
Z[f(\overline{k-1}\,T)] &= \sum_{k=0}^{\infty} f(\overline{k-1}\,T) z^{-k} \\
&= f(-T) z^0 + f(0) z^{-1} + f(T) z^{-2} + \cdots\cdots \\
&= z^{-1} F(z)
\end{aligned}
\tag{7.7}
$$

となり，ラプラス変換の初期値に相当する項は z 変換では過去の値になるので0となってしまう．同様にすると，l サンプル遅れた信号に対しては次式が得られる．

$$
Z[f(\overline{k-l}\,T)] = z^{-l} F(z) \tag{7.8}
$$

次に z 変換における初期値の定理および最終値の定理を述べておこう．初期値の定理は(7.1)式より直ちに得られ

$$
\lim_{k\to 0} f(kT) = \lim_{z\to\infty} F(z) \tag{7.9}
$$

となる．最終値の定理は

$$
\lim_{k\to\infty} f(kT) = \lim_{z\to 1} (1-z^{-1}) F(z) \tag{7.10}
$$

となる．この証明は章末の演習問題2に譲る．

ここで，$F(s)=L[f(t)]$ から $Z[f(kT)]$ を求める公式を導こう．$t=kT$ とおいた(2.11)式を(7.1)式に代入すると

$$
\begin{aligned}
F(z) &= \sum_{k=0}^{\infty} \left(\frac{1}{2\pi j} \int_{\sigma-j\infty}^{\sigma+j\infty} F(s) e^{kTs} ds \right) z^{-k} \\
&= \frac{1}{2\pi j} \int_{\sigma-j\infty}^{\sigma+j\infty} F(s) \sum_{k=0}^{\infty} (e^{Ts} z^{-1})^k ds \\
&= \frac{1}{2\pi j} \int_{\sigma-j\infty}^{\sigma+j\infty} \frac{F(s)}{1-z^{-1} e^{Ts}} ds
\end{aligned}
\tag{7.11}
$$

が得られる．これは級数 $\sum_{k=0}^{\infty}(e^{Ts}z^{-1})^k$ が収束する $|z|>e^{\sigma T}$ の z に対して定義される．このとき上式の分母は 0 になることはないので，上式は $F(s)$ の極に対する留数計算を実行することにより求められる．すなわち $F(s)$ の極 $s_i(i=1\sim n)$ に対する留数を R_i とすると

$$F(z)=\sum_{i=1}^{n}R_i \tag{7.12}$$

で与えられ，R_i は s_i を m 位に極とすると次式で求められる．

$$R_i=\lim_{s\to s_i}\left[\frac{1}{(m-1)!}\frac{d^{m-1}}{ds^{m-1}}\left\{(s-s_i)^m\frac{F(s)}{1-z^{-1}e^{Ts}}\right\}\right] \tag{7.13}$$

〔例題 7.3〕　$f(t)=e^{-at}$ に対する z 変換を求めよう．このとき $F(s)=\dfrac{1}{s+a}$ であるから，$F(s)$ は $s=-a$ に 1 位の極を持つ．このとき $F(z)$ は(7.12)，(7.13)式を用いて

$$F(z)=\lim_{s\to -a}\left[(s+a)\frac{1}{1-z^{-1}e^{Ts}}\frac{1}{s+a}\right]=\frac{1}{1-z^{-1}e^{-aT}}=\frac{z}{z-e^{-aT}}$$

となる．これは(7.4)式に一致している．

表 7.1 に連続時間関数 $f(t)$ をサンプルした信号に対する変換表を示す．

一般に $F(z)$ は z の有理関数(分母子とも z の実係数多項式)となり，このときの z は複素変数となる．

b. 逆 z 変 換

逆 z 変換は $F(z)$ から $f(kT)$ を求めるもので，$f(kT)=Z^{-1}[F(z)]$ と表記され，これには留数計算，部分分数展開，直接割算を実行する三つの方法がある．

1)　留数計算による方法　　この方法は最も汎用性のあるもので，次式で定義される逆 z 変換を計算するものである．

$$f(kT)=Z^{-1}[F(z)]=\frac{1}{2\pi j}\int_c F(z)z^{k-1}dz \tag{7.14}$$

これは複素周回積分であり，積分路 c は $F(z)$ が $|z|>\rho$ で正則のとき，$|z|>\rho$ の円をとる．この積分は留数計算で求められる．$F(z)$ の m 位の極 z_i に対する留数 R_i は(2.13)式に対応して

表 7.1　z 変換表

$f(t)$	$f(kT)$	$F(z)$
$u(t)$	1	$\dfrac{z}{z-1}$
t	kT	$\dfrac{Tz}{(z-1)^2}$
e^{-at}	e^{-akT}	$\dfrac{z}{(z-e^{-aT})}$
te^{-at}	kTe^{-akT}	$\dfrac{Te^{-aT}z}{(z-e^{-aT})^2}$
$\cos\omega t$	$\cos\omega kT$	$\dfrac{z(z-\cos\omega T)}{z^2-2z\cos\omega T+1}$
$\sin\omega t$	$\sin\omega kT$	$\dfrac{z\sin\omega T}{z^2-2z\cos\omega T+1}$
$f(t-T)$	$f(\overline{k-1}\,T)$	$z^{-1}F(z)$
$f(t-lT)$	$f(\overline{k-l}\,T)$	$z^{-l}F(z)$
$f(t+T)$	$f(\overline{k+1}\,T)$	$zF(z)-zf(0)$
$f(t+lT)$	$f(\overline{k+l}\,T)$	$z^{l}(F(z)-\sum_{i=0}^{l-1}f(iT)z^{-i})$
$\lim_{t\to 0}f(t)$	$\lim_{k\to 0}f(kT)$	$\lim_{z\to\infty}F(z)$
$\lim_{t\to\infty}f(t)$	$\lim_{k\to\infty}f(kT)$	$\lim_{z\to 1}(1-z^{-1})F(z)$

$$R_i=\lim_{z\to z_i}\left[\frac{1}{(m-1)!}\frac{d^{m-1}}{dz^{m-1}}\{(z-z_i)^m F(z)z^{k-1}\}\right] \tag{7.15}$$

によって計算できる．(2.13)式の e^{st} がここでは z^{k-1} になっていることに注意されたい．

〔例題 7.4〕　(7.4)式に対する逆 z 変換は，$z=e^{-\alpha T}$ の 1 位の極に対する留数計算をすればよいので次のようになる．

$$f(kT)=Z^{-1}\left[\frac{z}{z-e^{-\alpha T}}\right]=\lim_{z\to e^{-\alpha T}}\left[(z-e^{-\alpha T})\frac{z}{z-e^{-\alpha T}}z^{k-1}\right]$$
$$=\lim_{z\to e^{-\alpha T}}[z^k]=e^{-k\alpha T} \tag{7.16}$$

2)　部分分数展開による方法　$F(z)$ は z の有理関数であるので，逆ラプラス変換のときと同様に部分分数展開法が適用できる．表 7.1 の z 変換表をみると，どの関数の z 変換も分子に z があることを考えて $F(z)$ の z 変換を求めたいとき，$F(z)$ でなく $F(z)/z$ の部分分数展開 $J(z)$ を求め，$F(z)=zJ(z)$ として表 7.1 を適用すればよい．

〔例題 7.5〕 $F(z)=z(2z-1-e^{-\alpha T})/(z-1)(z-e^{-\alpha T})$ の部分分数による逆 z 変換を求める．$J(z)=F(z)/z$ の部分分数展開は

$$J(z)=\frac{F(z)}{z}=\frac{2z-1-e^{-\alpha T}}{(z-1)(z-e^{-\alpha T})}=\frac{1}{z-1}+\frac{1}{z-e^{-\alpha T}} \quad (7.17)$$

となる．したがって，表 7.1 より

$$f(kT)=Z^{-1}[F(z)]=Z^{-1}[zJ(z)]=Z^{-1}\left[\frac{z}{z-1}+\frac{z}{z-e^{-\alpha T}}\right]$$
$$=1+e^{-k\alpha T} \quad (7.18)$$

3) 割算を実行する方法　(7.1)式のところで述べたように，$F(z)$ を z^{-k} でべき級数展開したとき，z^{-k} の係数が $f(kT)$ であった．このことを利用して $f(kT)$ のはじめの数項を求めたいときは，有理関数 $F(z)$ に多項式の割算を直接実行すればよい．

〔例題 7.6〕 前の例題と同様の $F(z)$ について，多項式の割算を実行すると

$$F(z)=\frac{z(2z-1-e^{-\alpha T})}{(z-1)(z-e^{-\alpha T})}=\frac{2z^2-(1+e^{-\alpha T})z}{z^2-(1+e^{-\alpha T})z+e^{-\alpha T}}$$
$$=2+(1+e^{-\alpha T})z^{-1}+(1+e^{-2\alpha T})z^{-2}+(1+e^{-3\alpha T})z^{-3}+\cdots \quad (7.19)$$

が得られ，これは前の例題の結果と一致している．

(7.2)式のところで述べたことと関連して次のことに注意しなければならない．連続時間信号 $f(t)$ をサンプルすると離散時間信号 $\{f(kT)\}$ が得られ，それを z 変換すると $F(z)$ が得られる．この $F(z)$ を逆 z 変換すると $\{f(kT)\}$ が得られ，ここで $kT=t$ とおくと連続時間信号 $f(t)$ が得られる．この過程で最後の $kT=t$ とおく部分は，$f(kT)$ がもともと連続時間関数 $f(t)$ をサンプルして得られたものであるという仮定のもとで工学的に成立するものであり，数学的には認められない．なぜなら離散時間信号はサンプル時点のみでの値を

与えるものであり，サンプル時点間の値については何ら言及できないからである．逆 z 変換も同様に離散時間信号を扱うためのものであり，連続時間信号とは無関係である．

7.3　パルス伝達関数

連続時間信号の微分方程式に対応して離散時間信号の過渡状態は，差分方程式で与えられる．一例として，$u(kT)$ を与えたときの $y(kT)$ の時間応答を求めたいとき，その関係が次式で与えられたとしよう．

$$y(\overline{k+2}\,T) - (e^{-T} + e^{-2T})y(\overline{k+1}\,T) + e^{-3T}y(kT) = u(kT) \tag{7.20}$$

7.2 節でも述べたように数学的には $T = 1$ として T を記述しないが本書ではサンプル周期 T を陽に表現する．

$Y(z) = Z[y(kT)]$，$U(z) = Z[u(kT)]$ とし，すべての初期値に対応する項を 0 とおいて，(7.20)式を z 変換すると，表 7.1 を用いて

$$z^2Y(z) - (e^{-T} + e^{-2T})zY(z) + e^{-3T}Y(z) = U(z) \tag{7.21}$$

が得られる．このとき $U(z)$ を入力，$Y(z)$ を出力と考えて，その比を $G(z)$ とすると，

$$G(z) = \frac{Y(z)}{U(z)} = \frac{1}{z^2 - (e^{-T} + e^{-2T}) + e^{-3T}} \tag{7.22}$$

が得られ，この $G(z)$ をパルス伝達関数という．すなわちパルス伝達関数とはすべての初期値に対応する項を 0 としたときの

$$G(z) = \frac{(\text{出力の } z \text{ 変換})}{(\text{入力の } z \text{ 変換})} = \frac{Y(z)}{U(z)} \tag{7.23}$$

と定義され，この関係を図 2.2 と同様に図 7.5 のようにかく．

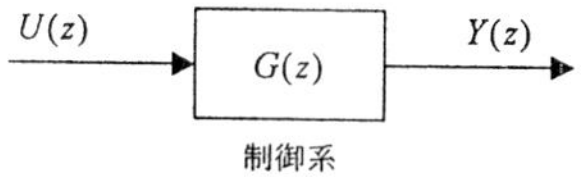

図 7.5　離散時間系のブロック線図

また，このブロック線図の入出力関係を次式のようにかく．

$$Y(z) = G(z)U(z) \tag{7.24}$$

(7.22)式から類推されるように $G(z)$ は一般に z の有理関数となる．

離散時間信号を扱っていることがわかりきっており，自明なときはパルス伝達関数を単に伝達関数ということも多い．

出力応答 $y(kT)$ を求めたければ，次式のように逆 z 変換を計算すればよい．

$$y(kT) = Z^{-1}[Y(z)] = Z^{-1}[G(z)U(z)] \tag{7.25}$$

このとき $G(z)$ の一般形は(7.22)式から類推されるように z の有理関数となり，次のようにかかれる．

$$\begin{aligned} G(z) &= \frac{b_m z^m + \cdots\cdots + b_1 z + b_0}{z^n + a_{n-1}z^{n-1} + \cdots\cdots + a_1 z + a_0} \\ &= \frac{z^{-(n-m)}(b_m + b_{m-1}z^{-1} + \cdots + b_1 z^{-(m-1)} + b_0 z^{-m})}{1 + a_{n-1}z^{-1} + \cdots\cdots + a_1 z^{-(n-1)} + a_0 z^{-n}} (n \geqq m) \end{aligned} \tag{7.26}$$

(7.23)式から(7.20)式を逆にたどれば，パルス伝達関数 $G(z)$ は入出力間の差分方程式の関係を表していると解釈できる．

次に連続時間系のたたみ込み積分(3.6)式に相当する式を導こう．(7.24)式の両辺に(7.1)式を代入すると

$$\sum_{l=0}^{\infty} y(lT)z^{-1} = \sum_{j=0}^{\infty} g(jT)z^{-j}\sum_{i=0}^{\infty} u(iT)z^{-i} \tag{7.27}$$

となるが，上式右辺の総和のとり方を$(i,\ j)$より$(i,\ l = i + j)$に変換すると，図 7.6（図 3.3 に対応）に示すように，第 1 象限の全域の格子点の総和が第 1

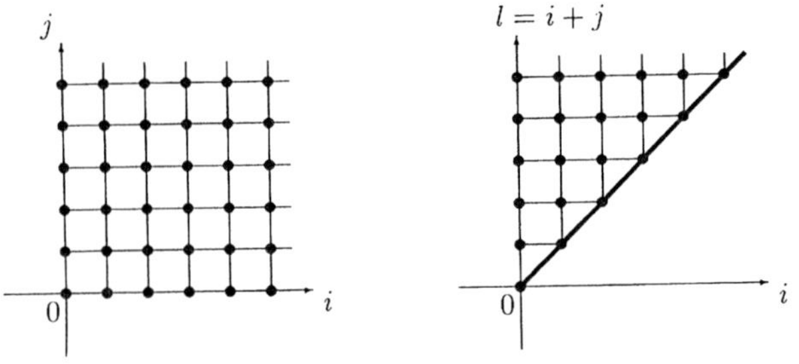

図 7.6　線和の領域変換

象限上半分の領域の格子点の総和に変換され，(7.27)式右辺は次のようになる．

$$(7.27)\text{式右辺} = \sum_{l=0}^{\infty}\sum_{i=0}^{l} g(\overline{l-i}\,T)z^{-(l-i)}u(iT)z^{-i}$$

$$= \sum_{l=0}^{\infty}\left(\sum_{i=0}^{l} g(\overline{l-i}\,T)u(iT)\right)z^{-l} \tag{7.28}$$

(7.27)式左辺と上式右辺より

$$y(lT) = \sum_{i=0}^{l} g(\overline{l-i}\,T)u(iT) \tag{7.29}$$

が得られ，これが(3.6)式に対応する離散時間版たたみ込み積分で，$0 \leq i \leq l$ に対する $g(iT)$，$u(iT)$ より $y(lT)$ を求める式である．

さらにサンプラの挿入個所とパルス伝達関数の関係について述べておこう．

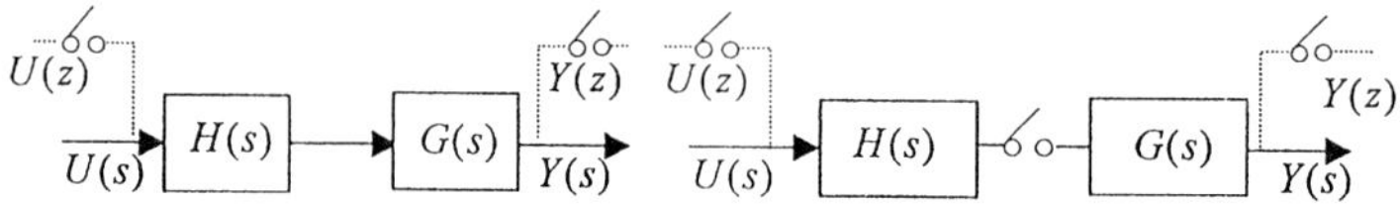

(a) (b)

図 7.7 サンプラの位置とパルス伝達関数

図 7.7 に対する $U(s)$ と $Y(s)$ 間のパルス伝達関数は各々に仮想サンプラを挿入して考えられる．(a)図の $G(s)$ と $H(s)$ 間にサンプラがない場合は

$$\frac{Y(z)}{U(z)} = Z[H(s)G(s)] = HG(z) \tag{7.30}$$

のように，連続時間領域で積をとった後 z 変換を施したものになる．しかし(b)図では，

$$\frac{Y(z)}{U(z)} = Z[H(s)]Z[G(s)] = H(z)G(z) \tag{7.31}$$

のように，それぞれを z 変換した後に積をとったものとなる．この違いは物理的に考えれば $G(s)$ の入力波形が(a)図では連続時間信号，(b)図では離散時間信号と全く異ることから明らかである．

〔例題 7.7〕 図 7.1 を変形した図 7.8 の閉ループ系の入出力 $(R(z) - Y(z))$ 間のパルス伝達関数を求めてみよう．

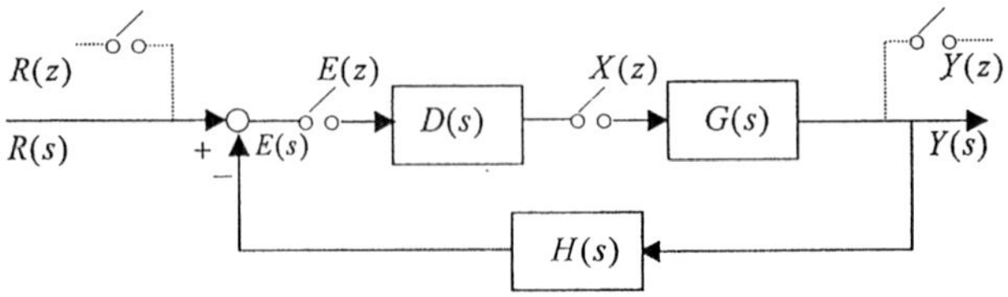

図7.8 サンプラを含む閉ループ系

この種の問題を解くときは，各サンプラの出力を中心に考えることが重要である．z 変換されたものを再度，z 変換しても変わらないので $X(z)$，$E(z)$ について以下の式が得られる．

$$X(z) = Z[D(s)E(z)] = Z[D(s)]Z[E(z)] = D(z)E(z) \tag{7.32}$$

$$\begin{aligned} E(z) &= Z[E(s)] = Z[R(s) - H(s)G(s)X(z)] \\ &= Z[R(s)] - Z[H(s)G(s)X(z)] = R(z) - HG(z)X(z) \end{aligned} \tag{7.33}$$

(7.32)式に(7.33)式を代入すると

$$X(z) = \frac{D(z)R(z)}{1 + D(z)HG(z)} \tag{7.34}$$

となり，図7.8より $Y(z)$ は次式となる．

$$Y(z) = Z[Y(s)] = Z[G(s)X(z)] = G(z)X(z) = \frac{D(z)G(z)}{1 + D(z)HG(z)} R(z) \tag{7.35}$$

7.4 離散時間系の状態表現

図7.1の制御対象 $G_p(s)$ を状態表現して，図中のこの部分と零次ホールドの部分を取り出すと図7.9となる．

零次ホールドは図中に示されているような入出力特性，すなわち次のサンプリング時点まで同じ値を保持するもので，それを式に示すと

$$u(t) = v(kT) \qquad (kT \leq t < \overline{k+1}T) \tag{7.36}$$

となる．$G_p(s)$ に対する状態方程式の解は，(5.10)式より $t \geqq t_0$ に対して初期

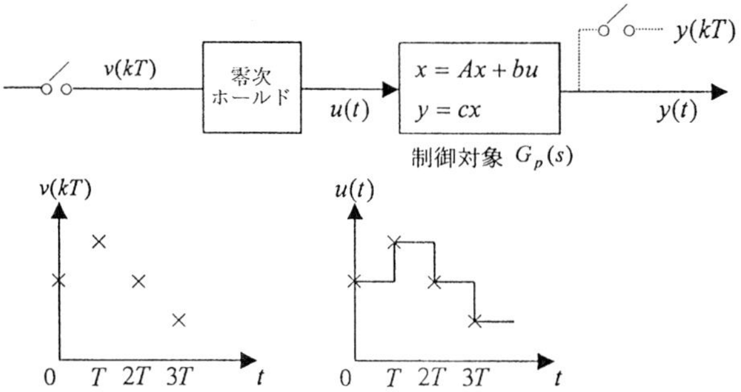

図7.9 零次ホールドと制御対象

値をそれぞれ t_0, $x(t_0)$ とすると次式となる．ただし $\Phi(t)$ は(5.11)式で与えられる．

$$x(t) = \Phi(t - t_0)x(t_0) + \int_{t_0}^{t} \Phi(t - \tau)bu(\tau)d\tau \tag{7.37}$$

時刻 kT と $\overline{k+1}T$ との間の関係を求めるため，上式に(7.36)式を代入し，$t_0 = kT$, $t = \overline{k+1}T$ とおくと，

$$\begin{aligned} x(\overline{k+1}T) &= \Phi(T)x(kT) + \int_{kT}^{\overline{k+1}T} \Phi(\overline{k+1}T - \tau)bv(kT)d\tau \\ &= \Phi(T)x(kT) + \int_0^T \Phi(\tau)d\tau \cdot bv(kT) \end{aligned} \tag{7.38}$$

が得られる．ここで

$$F = \Phi(T) \tag{7.39}$$

$$h = \int_0^T \Phi(\tau)d\tau \cdot b \tag{7.40}$$

とおくと，(7.38)式は，

$$x(\overline{k+1}T) = Fx(kT) + hv(kT) \tag{7.41}$$

となり，また出力方程式は(5.8)式から

$$y(kT) = cx(kT) \tag{7.42}$$

となる．(7.41)，(7.42)式が連続時間系の(5.7)，(5.8)式に対応する離散時間

系の状態表現である．これは連続時間系の制御対象に零次ホールドが含まれた図 7.8 の入力 $v(kT)$ と仮想サンプラを通した出力 $y(kT)$ との間の関係を表すものである．

(7.41)式の状態方程式の解は $k=0$，1，2…として，直前の式を順次代入することにより次式となる．

$$x(kT) = F^k x(0) + \sum_{i=0}^{k-1} F^{k-i-1} hv(iT) \tag{7.43}$$

これは連続時間系の(5.10)式に対応するものであり，出力 $y(kT)$ はこれを(7.42)式に代入することにより直ちに得られる．

次に離散時間状態表現に対するパルス伝達関数を求めよう．すべての初期値に関する項を0として(7.41)式を $x(z) = Z[x(kT)]$，$V(z) = Z[v(kT)]$，$Y(z) = Z[y(kT)]$ として z 変換すると

$$zx(z) = Fx(z) + hV(z) \tag{7.44}$$

$$x(z) = (zI - F)^{-1} hV(z) \tag{7.45}$$

上式と(7.42)式より

$$Y(z) = cx(z) = c(zI - F)^{-1} hV(z) \tag{7.46}$$

となり，この入出力間のパルス伝達関数 $G(z)$ は

$$G(z) = \frac{Y(z)}{V(z)} = c(zI - F)^{-1} h \tag{7.47}$$

となる．これは連続時間系の(5.27)式に対応するものである．

この $G(z)$ を用いると，図 7.1 に対応する離散時間系のブロック線図が図 7.10 のように描ける．

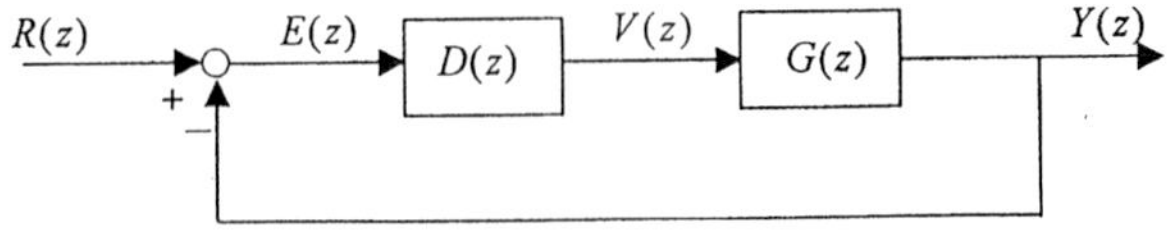

図 7.10　離散時間フィードバック系

上図の $G_p(s)$ から図 7.9 に示すような零次ホールドを含んだ $G(z)$ を求める手順は $G_p(s) \to (Abc) \to (Fhc) \to G(z)$ となり，状態表現を介さなければな

らないが，ここまでの段階で制御対象に対する離散時間状態表現あるいはパルス伝達関数が得られるので，両方法による離散時間制御系設計が可能となる．

〔例題 7.8〕　図 7.1 の制御対象が

$$G_p(s)=\frac{1}{s(s+1)} \tag{7.48}$$

で与えられるとき，これに零次ホールドを接続した図 7.10 の $G(z)$ を状態表現を介して求めてみよう．(7.48)式の $G_p(s)$ に対する連続時間状態表現は，5.5 節を参照すると

$$x(t)=\begin{bmatrix}0 & 1\\ 0 & -1\end{bmatrix}x(t)+\begin{bmatrix}0\\ 1\end{bmatrix}u(t) \tag{7.49}$$

$$y(t)=[1 \quad 0]x(t) \tag{7.50}$$

となる．この系の状態推移行列は

$$\Phi(t)=L^{-1}[(sI-A)^{-1}]=\begin{bmatrix}1 & 1-e^{-t}\\ 0 & e^{-t}\end{bmatrix} \tag{7.51}$$

となり，これを(7.39)，(7.40)式に代入すると

$$F=\Phi(T)=\begin{bmatrix}1 & 1-e^{-T}\\ 0 & e^{-T}\end{bmatrix} \tag{7.52}$$

$$\begin{aligned}h&=\int_0^T\Phi(\tau)d\tau\cdot b=\int_0^T\begin{bmatrix}1 & 1-e^{-\tau}\\ 0 & e^{-\tau}\end{bmatrix}d\tau\cdot\begin{bmatrix}0\\ 1\end{bmatrix}\\ &=\begin{bmatrix}e^{-T}+T-1\\ 1-e^{-T}\end{bmatrix}\end{aligned} \tag{7.53}$$

(7.50)，(7.52)，(7.53)式より(7.47)式は次のようになる．

$$\begin{aligned}G(z)&=c(zI-F)^{-1}h=[1 \quad 0]\begin{bmatrix}z-1 & e^{-T}-1\\ 0 & z-e^{-T}\end{bmatrix}^{-1}\begin{bmatrix}T+e^{-T} & -1\\ 1-e^{-T} & \end{bmatrix}\\ &=\frac{(T-1+e^{-T})z+1-(T+1)e^{-T}}{(z-1)(z-e^{-T})}\end{aligned} \tag{7.54}$$

7.5 安定性と安定判別

(7.26)式で与えられる一般の系に(7.3)式のステップ入力が加わったときのステップ応答 $y(kT)$ を考えてみよう．$Y(z)=Z[y(t)]$ は

$$Y(z)=G(z)U(z)=\frac{b_m z^m+\cdots+b_0}{z^n+a_{n-1}z^n+\cdots a_0}\cdot\frac{z}{z-1} \tag{7.55}$$

となる．部分分数展開により $p_i(i=1\sim n)$ を $G(z)$ の n 個の相異なる極として

$$\begin{aligned}\frac{Y(z)}{z}&=\frac{d_0}{z-1}+\sum_{i=1}^{n}\frac{d_i}{z-p_i}\\ Y(z)&=\frac{d_0 z}{z-1}+\sum_{i=1}^{n}\frac{d_i z}{z-p_i}\end{aligned} \tag{7.56}$$

が得られ，(7.14)式の留数計算により $y(kT)$ は次式となる．

$$\begin{aligned}y(kT)&=Z^{-1}[Y(z)]=Z^{-1}\left[\frac{d_0 z}{z-1}+\sum_{i=1}^{n}\frac{d_i z}{z-p_i}\right]\\ &=d_0+\sum_{i=1}^{n}d_i p_i^k\end{aligned} \tag{7.57}$$

ここで $G(z)$ のすべての極に対して

$$|p_i|<1 \qquad (i=1\sim n) \tag{7.58}$$

が成立すると(7.57)式より $k\to\infty$ に対して $y(kT)\to d_0$ となり，ステップ応答が発散することなく一定値になり，この系は安定となる．すなわち系が安定となるためには $G(z)$ の極がすべて z 平面の単位円内になければならず，単位円上の極は安定限界を与えることが分かる．

次に双一次変換による安定判別法を述べる．双一次変換とは

$$z=\frac{w+1}{w-1} \tag{7.59}$$

による変換をいい，これにより z 平面の単位円内は w 平面の左半平面に変換される．このことは，(7.59)式から得られる

$$w = \frac{z+1}{z-1} \tag{7.60}$$

に $z = x + jy$, $w = u + jv$ を代入すると

$$w = u + jv = \frac{x + jy + 1}{x + jy - 1} = \frac{x^2 + y^2 - 1 - j2y}{(x-1)^2 + y^2} \tag{7.61}$$

が得られ両辺の実数部を比べると $u < 0$ と $x^2 + y^2 - 1 < 0$ が対応していることから分かる.

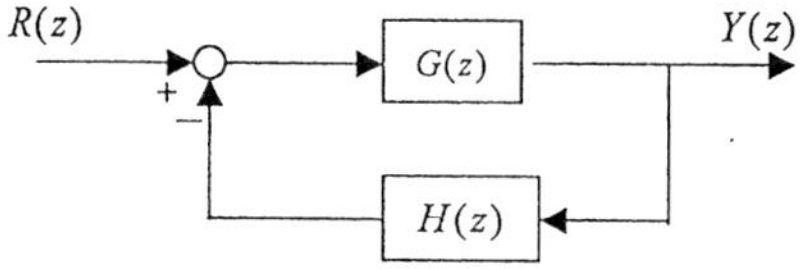

図 7.11　離散時間フィードバック系

図 7.11 のようなフィードバック系の安定性は特性方程式

$$1 + G(z)H(z) = 0 \tag{7.62}$$

の根（すなわち閉ループ伝達関数の極）に支配され，このすべての根の絶対値が 1 より小さければ安定となる．これを判別するためには，(7.62) 式に (7.59) 式を代入すると z の特性方程式が w の方程式になるので，それに対して 3.3 節 b のフルビッツの安定判別法を適用すればよい．

〔例題 7.9〕　図 7.11 で特性方程式が

$$1 + G(z)H(z) = 1 + \frac{K(1 - e^{-T})z}{(z-1)(z - e^{-T})} = 0 \tag{7.63}$$

で与えられるときの安定判別をしてみよう．上式より

$$z^2 + \{K(1 - e^{-T}) - (1 + e^{-T})\}z + e^{-T} = 0$$

が得られ，この z に (7.59) 式を代入すると

$$Kw^2 + 2w + 2\frac{1 + e^{-T}}{1 - e^{-T}} - K = 0$$

を得る．そこで (3.66) 式に従ってフルビッツの安定判別法を適用すると

(1) $K > 0,\ 2\dfrac{1 + e^{-T}}{1 - e^{-T}} - K > 0$

(2) $H_1 = 2 > 0$

が得られ，結局

$$0 < K < 2\frac{1 + e^{-T}}{1 - e^{-T}}$$

の K の範囲でこの系は安定となる．

7.6 z 平面と s 平面

(7.5)式で示したように初期値を無視すると，z 変換後の z 領域では信号を1サンプル周期(T)進めるためには，もとの信号の z 変換 $F(z)$ に z を乗ずればよい．これを連続時間系の s 領域で考えると，表2.1から分かるように，T だけ信号を進めることは，もとの信号のラプラス変換 $F(s)$ に e^{Ts} を乗ずることに相当する．このことから z 領域と s 領域の間には

$$z = e^{Ts} \tag{7.64}$$

という対応関係があることがわかる．この関係を詳しくみてみよう．

$s = \sigma + j\omega$ とおけば(7.64)式は

$$z = e^{\sigma T} e^{j\omega T} \tag{7.65}$$

となる．s 平面上で σ と ω を変化させるとき，s 平面と z 平面の間の対応関係は図7.12のようになる．たとえば s 平面の虚軸（$\sigma = 0$，$-\pi/T \leqq \omega \leqq \pi/T$）は z 平面では原点を中心とする半径1の円（単位円と呼ぶ）の円周，また，s 平面の左半面（$\sigma < 0$）は，単位円の内部に対応している．さらに s 平面の…，$-3\pi/T \leqq \omega \leqq -\pi/T$，$-\pi/T \leqq \omega \leqq \pi/T$，$\pi/T \leqq \omega \leqq 3\pi/T$，…などの範囲の実軸に平行な帯状の各領域が，$z$ 平面の単位円に幾重にも対応している．すなわち z 平面上の一点は，s 平面上の無限個の点と対応している．

7.1節で述べたサンプリング定理は，連続時間系に対する s 平面のすべての

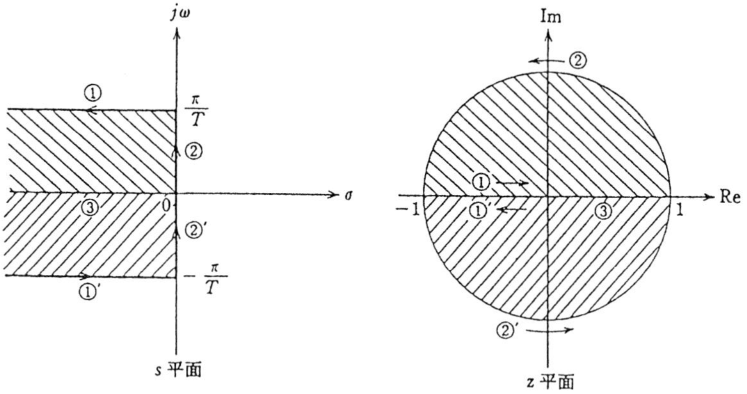

図 7.12 s 平面と z 平面の対応関係

極が $-\dfrac{\pi}{2T} \leqq \omega \leqq \dfrac{\pi}{2T}$ の範囲に入るように十分小さくサンプリング周期 T を選ぶことを意味し，こうすれば s 平面と z 平面が一対一対応することがわかる．

離散時間系の過渡応答は，その系の極の絶対値 $|p_i|$ が小さいほど速くなる．しかし，もともとの制御系が連続時間系とすると，z 平面と s 平面の対応関係はサンプル周期 T の取り方で変わってくるので，極による応答評価は，z 平面のみでなく，s 平面上でも考えられねばならない．

7.7 有限整定制御

離散時間制御系は，有限整定制御という特徴ある制御特性を実現することができる．これは連続時間制御系では実現できないものである．

a. 伝達関数法による設計

まず，伝達関数法による有限整定制御の設計法について述べる．入力変化に対する過渡応答が，あるサンプリング時間内に完了する場合を有限整定応答と呼ぶ．サンプリング時点でのみ整定するものと，サンプリング時点間も含めて整定するものとがあり，区別するときは前者を有限整定応答，後者を完全有限整定応答と呼ぶ．ここでは有限整定応答について説明する．

図 7.10 において $D(z)$ はディジタル補償器を示し，$G(z)$ は図 7.1 における零次ホールドと制御対象 $G_p(s)$ から構成されている．$G_p(s)$ すなわち $G(z)$ が与えられたとして，ステップ入力，定速度（ランプ）入力，定加速度（パラボリック）入力などに対して有限整定応答するようなディジタル補償器 $D(z)$ の設計法を考える．

1) 整定の条件　図 7.10 の閉ループ系のパルス伝達関数を求めると

$$W(z) = \frac{D(z)G(z)}{1 + D(z)G(z)} \tag{7.66}$$

となる．制御偏差 $E(z)$ は図から

$$\begin{aligned} E(z) &= R(z) - C(z) \\ &= (1 - W(z))R(z) \end{aligned} \tag{7.67}$$

となる．図 7.13 に示すステップ応答の例を参考に，あるサンプリング時間内に整定する条件を考えてみよう．(7.1)式の z 変換の定義によれば，(7.67)式の右辺を z^{-1} のべき級数の形に表したとき，各係数が $e(kT)$ の値を与えるから，右辺が z^{-1} の有限次数の多項式になることが整定の条件である．したがって，ステップ，定速度，定加速度などの入力に対して整定するためには，表

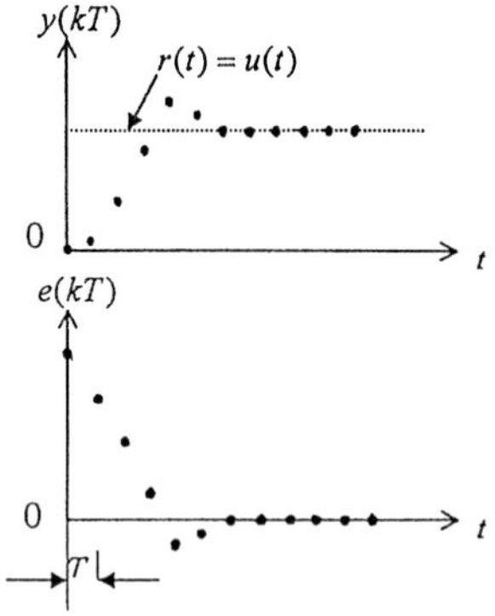

図 7.13　ステップ応答の例

表7.2 整定のための条件

入力 $r(t)$	$R(z)$	$1-W(z)$
ステップ $u(t)$	$\dfrac{1}{1-z^{-1}}$	$(1-z^{-1})(\beta_0+\beta_1 z^{-1}+\cdots\cdots)$
定速度 t	$\dfrac{Tz^{-1}}{(1-z^{-1})^2}$	$(1-z^{-1})^2(\beta_0+\beta_1 z^{-1}+\cdots\cdots)$
定加速度 t^2	$\dfrac{T^2 z^{-1}(1+z^{-1})}{(1-z^{-1})^3}$	$(1-z^{-1})^3(\beta_0+\beta_1 z^{-1}+\cdots\cdots)$

7.2 に示すように入力 $R(z)$ に応じて $(1-W(z))$ が $(1-z^{-1})$ の因子を含む多項式でなければならない．同時にこのことは $W(z)$ も多項式であることを意味する．

2) 実現可能の条件　次に大切な点は設計した $D(z)$ が実現可能でなければならない点である．そのためには，ある入力が制御要素に加えられたとき，入力が加えられる以前に応答が生じないことを保証すればよい．このことを $G(z)$ について考えてみよう．$G(z)$ は次式で与えられるものとする．

$$G(z)=\frac{b_i z^{-i}+b_{i+1}z^{-(i+1)}+\cdots b_{i+m}z^{-(i+m)}}{1+a_1 z^{-1}+a_2 z^{-2}+\cdots+a_n z^{-n}} \tag{7.68}$$

z^{-1} のべき級数の形に表すために割算を行うと

$$G(z)=b_i z^{-i}+(b_{i+1}-a_1 b_i)z^{-(i+1)}+\cdots \tag{7.69}$$

のようになる．上式の右辺の係数は(7.1)式のところで述べたように各時刻での応答の大きさを示しているが，$G(z)$ が実現可能であるためには $t<0$ では応答を生じてはならないので，右辺の初項が $z^{+i}(i>0)$ であってはならない．このことから(7.68)式において，分母の初項が定数のとき，分子の初項が定数 $(i=0)$ か $z^{-i}(i>0)$ でなければならない．

$D(z)$ も実現可能でなければならないので同様の理由から次の形をしている必要がある．

$$D(z)=\frac{d_0+d_1 z^{-1}+\cdots+d_v z^{-v}}{1+c_1 z^{-1}+\cdots+c_u z^{-u}} \tag{7.70}$$

(7.68)式と(7.70)式を(7.66)式に代入して，$W(z)$ を計算すると，

$$W(z) = \frac{q_i z^{-i} + q_{i+1} z^{-(i+1)} + \cdots}{1 + p_1 z^{-1} + p_2 z^{-2} + \cdots}$$
$$= z^{-i}(a_0 + a_1 z^{-1} + \cdots) \qquad (7.71)$$

のような式になる．$G(z)$ と $D(z)$ が実現可能であれば，$W(z)$ も実現可能であることは上式をみても明らかである．整定の条件のところで $W(z)$ が多項式であることはすでに述べたので，実現可能性の条件からは，$W(z)$ は初項が z^{-i}（i は $G(z)$ の分子多項式の最低次のべきに等しく，$i \geqq 0$）の多項式になるという結論が導かれる．

以上のことを要約すると，有限整定応答系を実現するための閉ループ系のパルス伝達関数 $W(z)$ とは，次の条件を満たすものである．

（1） $(1 - W(z))$ は入力の形に応じて表 7.2 に示す形の多項式であること

（2） $W(z)$ は(7.71)式に示すような初項を z^{-i}（$i \geqq 0$ は $G(z)$ の分子多項式の最低次のべきに等しく，その値は既知）とする多項式であること．

（3） 最短時間で整定させたいときは，以上の条件を満たす $W(z)$ の中で最も項数の少ない多項式となること

このような条件を同時に満たす $W(z)$ が決定されると，有限整定応答を実現するためのディジタル補償器のパルス伝達関数 $D(z)$ は，(7.66)式から導いた次の式により与えられる．

$$D(z) = \frac{W(z)}{G(z)(1 - W(z))} \qquad (7.72)$$

なお，サンプリング時点間でも整定する完全有限整定応答は入力に応じて制御対象の $G_p(s)$ が適当な次数の積分特性をもつことが要求されるなど，有限整定応答の設計条件にさらに条件を付加する必要があるが，ここではふれない．

〔例題 7.10〕 図 7.10 の制御系において，$G(z)$ がサンプリング周期を $T = 1$ 秒とした(7.54)式，すなわち

$$G(z) = \frac{0.368(z + 0.718)}{(z - 1)(z - 0.368)} = \frac{0.368 z^{-1}(1 + 0.718 z^{-1})}{(1 - z^{-1})(1 - 0.368 z^{-1})} \qquad (7.73)$$

で与えられたとき，この系がステップ入力に対して有限整定するようなディジ

タル補償器 $D(z)$ を設計してみよう．

$G(z)$ の分子多項式の初項は z^{-1} である．(1)，(2)の条件に従って，表 7.2 と(7.71)式から $W(z)$ に関する次の式を得る．

$$1 - W(z) = (1 - z^{-1})(\beta_0 + \beta_1 z^{-1} + \cdots)$$
$$W(z) = z^{-1}(\alpha_0 + \alpha_1 z^{-1} + \cdots)$$

(3)の条件から，これらを同時に満たし，かつ，最小項数の $W(z)$ を求めればよい．結局

$$W(z) = z^{-1}$$

を得る．求めた $W(z)$ と $G(z)$ を(7.72)式に代入すると，次のディィジタル補償器 $D(z)$ が求まる．

$$D(z) = 2.72 \frac{1 - 0.368z^{-1}}{1 + 0.718z^{-1}}$$

これを図 7.1 の $D(z)$ に用いたときの計算機によるシミュレーションの結果を図 7.14 に示す．求めた $W(z)$ を(7.67)式に代入すると制御誤差は

$$E(z) = 1(= z^0)$$

となり，1サンプリングで整定することを示しており，シミュレーションの結果とも一致している．また，有限整定応答ではサンプリング時点間の整定は保

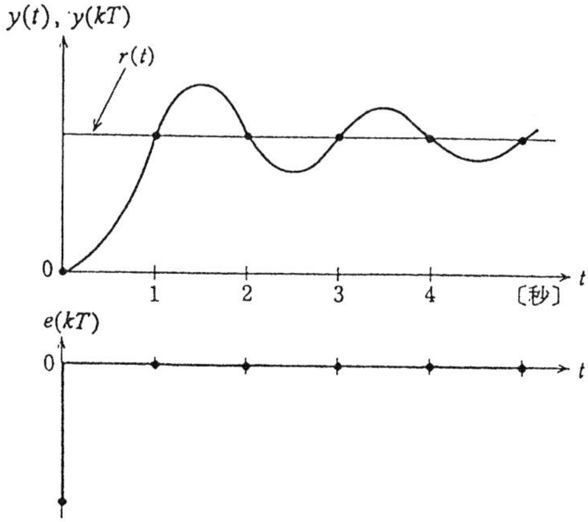

図 7.14 ステップ入力に対する有限整定応答

証されていないことも確かめられる．

b.　状態変数法による設計

状態変数法では初期値応答が任意の初期値から出発して，あるサンプリング時刻以後ですべての状態変数を 0 とするような制御を有限整定制御と呼んでいる．これは閉ループ系の極をすべて 0 にすることと同じである．離散時間制御系が(7.41)，(7.42)式のように状態表現されているものとする．この系に状態フィードバック

$$u(kT) = -gx(kT) \tag{7.74}$$

を施すと，閉ループ制御系の状態方程式は

$$x(\overline{k+1}T) = (F - hg)x(kT) \tag{7.75}$$

となる．ただし，g は $1 \times n$ 定数ベクトルである．このときの閉ループ系のブロック線図を図 7.15 に示す．

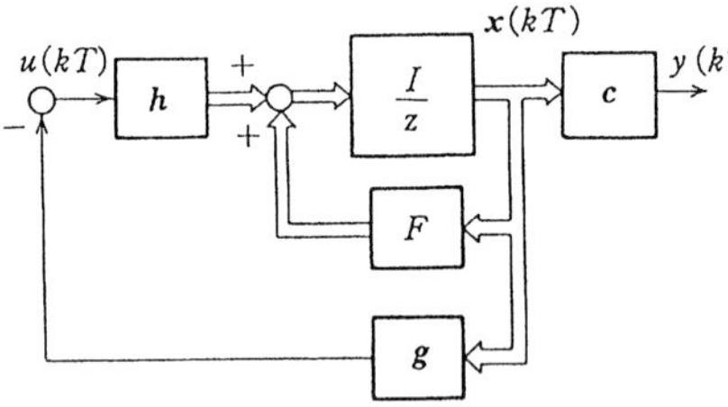

図 7.15　状態フィードバックを施した系

ところで，連続時間制御系の場合（6.1 節を参照）と同様，離散時間制御系が可制御であれば状態フィードバックによって閉ループ系の固有値が任意に設定できることが知られている．そこで $(F - hg)$ のすべての固有値，すなわち，$|zI - F + hg| = 0$ の根を原点 $z = 0$ に設定すると有限整定制御が実現できる．

有限整定制御を設計するためのアルゴリズムが開発されているが，説明は省略する．また，入力に追従して有限整定応答する制御系も設計できるが説明を省略する．

〔**例題 7.11**〕 前の例題と同じ制御対象を考える．この状態表現は(7.50)，(7.52)，(7.53)式を用いると

$$x(\overline{k+1}T)=\begin{bmatrix}1 & 1-e^{-T}\\ 0 & e^{-T}\end{bmatrix}x(kT)+\begin{bmatrix}T+e^{-T}-1\\ 1-e^{-T}\end{bmatrix}u(kT) \qquad (7.76)$$

$$y(kT)=[1 \quad 0]x(kT) \qquad (7.77)$$

となり，この制御系は可制御である．ここで $T=1$ 秒とする．状態フィードバックを施した場合の閉ループ制御系の特性方程式は

$$\begin{aligned}&|zI-F+hg|\\ &=\left|\begin{bmatrix}z & 0\\ 0 & z\end{bmatrix}-\begin{bmatrix}1 & 0.632\\ 0 & 0.368\end{bmatrix}+\begin{bmatrix}0.368\\ 0.632\end{bmatrix}[g_1 \quad g_2]\right|\\ &=\begin{vmatrix}z-1+0.368g_1 & -0.632+0.362g_2\\ 0.632g_1 & z-0.368+0.632g_2\end{vmatrix}\\ &=z^2-(1.368-0.368g_1-0.632g_2)z+0.368+0.264g_1-0.632g_2\end{aligned} \qquad (7.78)$$

となる．そこで $g_1=1.582$，$g_2=1.243$ とすればすべての固有値は 0 になることがわかる．初期値 $(x_{10},\ x_{20})^T$ に対する応答を(7.75)式を使って計算すると

$$x(0)=\begin{bmatrix}x_{10}\\ x_{20}\end{bmatrix} \quad x(1)=\begin{bmatrix}0.418 & 0.175\\ -1 & -0.418\end{bmatrix}\begin{bmatrix}x_{10}\\ x_{20}\end{bmatrix}$$

$$x(2)=\begin{bmatrix}0.418 & 0.175\\ -1 & -0.418\end{bmatrix}^2\begin{bmatrix}x_{10}\\ x_{10}\end{bmatrix}=\begin{bmatrix}0\\ 0\end{bmatrix}$$

となり，少なくとも 2 サンプリング時間で状態変数が 0 になることが確かめられる．図 7.16 にシミュレーションの結果を示す．

7.8 インパルス列を用いた解析

前節までは離散時間信号をサンプル時刻ごとの数値列あるいは時系列

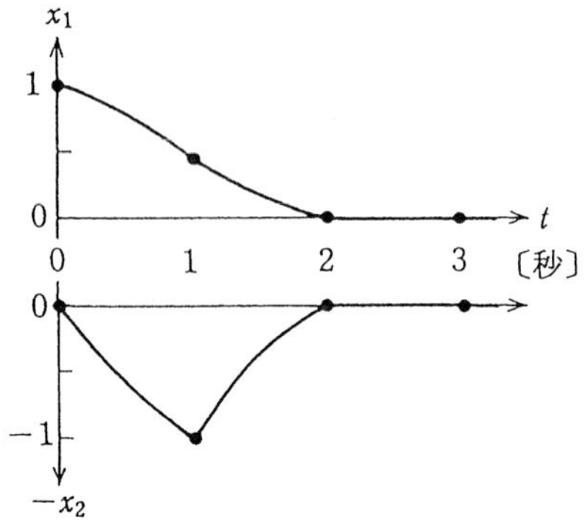

図 7.16　有限整定応答 ($x_{10} = 1$, $x_{20} = 0$)

$\{f(kT)\}$ として解析を進めてきたが，他方これをインパルス列として解析する方法がある．制御における離散時間系の原形であるサンプル値制御系は，当初このインパルス列によって解析された．このインパルスという概念は，とくに電気系以外のパルス信号に習熟していない者にとっては理解しにくいので，前節までにこれを使用することなく，離散時間制御系について最終目的である設計問題まで一通りの説明を行った．

本節では補足的にインパルス列を用いた解析について述べる．これは図 7.17 に示すように，サンプラの出力を図 7.2 のような数値列 $\{f(kT)\}$ とする代りに，インパルス（時間幅無限小のパルス）列 $f^*(t)$ とし，

$$f^*(t) = f(0)\delta(t) + f(T)\delta(t - T) + f(2T)\delta(t - 2T) + \cdots$$

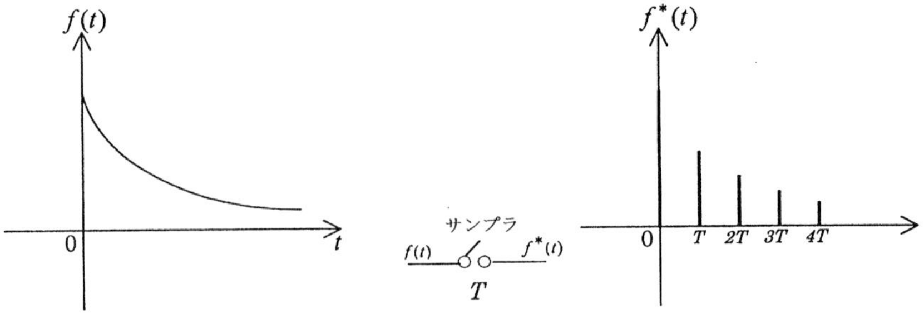

図 7.17　サンプラとインパルス列

$$= \sum_{k=0}^{\infty} f(kT)\delta(t-kT) \tag{7.79}$$

と定義する．ここで $\delta(t)$ は例題 2.4 で述べたディラックのデルタ関数であり，(2.7)式から分かるようにこれ自身に対しては大きさが定義できないので，上式中の $f(kT)$ でその大きさを指定するものと考える．

a. z 変換の定義

(7.79)式にもとづいて z 変換を定義しよう．表 2.1 中のデルタ関数および時間遅れ $f(t-L)$ に対するラプラス変換公式を用いて，(7.79)式をラプラス変換すると

$$F^*(s) = L[f^*(t)] = \sum_{k=0}^{\infty} f(kT)e^{-kTs} \tag{7.80}$$

となる．ここで

$$e^{-Ts} = z^{-1} \tag{7.81}$$

とおいて，$f^*(t)$ の z 変換を次式で定義する．

$$F(z) = Z[f^*(t)] = \sum_{k=0}^{\infty} f(kT)z^{-k} \tag{7.82}$$

上式は(7.1)式，また(7.81)式は(7.64)式と同じものである．

b. 零次ホールドの伝達関数

零次ホールドは図 7.9 あるいは(7.36)式のように，はじめの値を次のサンプル時点まで保つ特性をもつものであり，これはインパルス列の考え方では図 7.18 に示すように，大きさ 1 の単位インパルス入力に対して，大きさ 1 で時間幅 T の矩形波を出力する伝達要素と考えられる．

この要素の伝達関数 $G_H(s)$ は，入力のラプラス変換は 1 であるので，出力のラプラス変換そのものとなり，次式で与えられる．

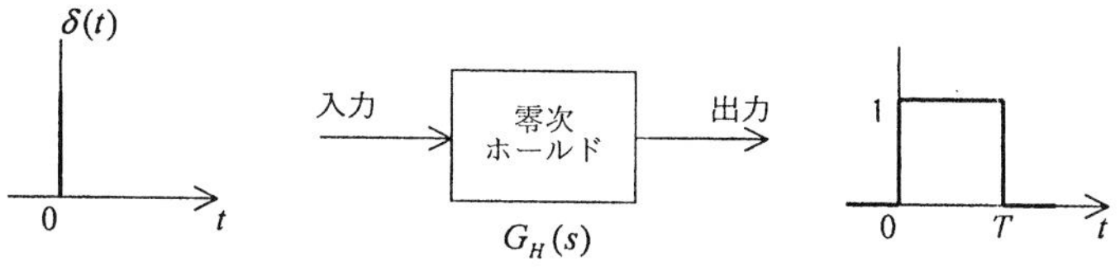

図 7.18 零次ホールド要素の伝達関数特性

$$G_H(s) = L[u(t) - u(t-T)] = \frac{1-e^{-Ts}}{s} \tag{7.83}$$

この零次ホールドの伝達関数を用いると，図7.1における制御対象と零次ホールドを直列接続した部分の伝達関数 $G(z)$ が，状態表現を介することなく，簡単に次式によって求められる．

$$G(z) = Z[G(s)] = Z[G_H(s)G_P(s)] = G_HG_P(z) \tag{7.84}$$

〔例題7.12〕 例題7.7と同じ問題を(7.84)式を用いて解いてみよう．(7.48)，(7.83)式を(7.84)式に代入すると

$$G(z) = Z[G_H(s)G_P(s)] = Z\left[\frac{1-e^{-Ts}}{s}\frac{1}{s(s+1)}\right] \tag{7.85}$$

e^{-Ts} は1サンプル周期信号を遅らせることを意味するから，z 変換に関して，一般に次式が成立する．

$$Z[e^{-Ts}F(s)] = z^{-1}Z[F(s)] \tag{7.86}$$

上式を用いて(7.85)式を部分分数展開により求めると，表7.1を用いて

$$\begin{aligned} G(z) &= Z\left[\frac{1-e^{-Ts}}{s}\frac{1}{s(s+1)}\right] = (1-z^{-1})Z\left[\frac{1}{s^2(s+1)}\right] \\ &= (1-z^{-1})Z\left[\frac{1}{s^2} - \frac{1}{s} + \frac{1}{s+1}\right] \\ &= \frac{(T-1+e^{-T})z + 1 - (T+1)e^{-T}}{(z-1)(z-e^{-T})} \end{aligned} \tag{7.87}$$

となり，これは状態表現を介して求めた(7.54)式と一致している．

c. サンプリング定理

フーリエ変換による解析を行うため，(7.79)式を次のように書き換える．

$$f^*(t) = \sum_{k=-\infty}^{\infty} f(t)\delta(t-kT) \tag{7.88}$$

一般に周期 T の時間関数 $g(t)$ はつぎのように複素フーリエ展開できる．

$$g(t) = \sum_{k=-\infty}^{\infty} c_k e^{jk\omega_s t} \qquad \left(\omega_s = \frac{2\pi}{T}\right) \tag{7.89}$$

ただし，

$$c_k = \frac{1}{T}\int_{-T/2}^{T/2} g(t)e^{-jk\omega_s t}dt \tag{7.90}$$

(7.88)式において $\delta_T(t) = \sum_{i=-\infty}^{\infty}\delta(t-iT)$ は周期 T をもつ $\delta(t)$ の周期関数である．このとき(2.9)式を用いると，

$$c_k = \frac{1}{T}\int_{-T/2}^{T/2}\delta_T(t)e^{-jk\omega_s t}dt = \frac{1}{T}\int_{-T/2}^{T/2}\delta(t)e^{-jk\omega_s t}dt = \frac{1}{T} \tag{7.91}$$

となるので，$\delta_T(t)$ の複素フーリエ展開は(7.89)式より

$$\delta_T(t) = \frac{1}{T}\sum_{k=-\infty}^{\infty} e^{jk\omega_s t} \tag{7.92}$$

となる．上式を(7.88)式に代入すると

$$f^*(t) = \frac{1}{T}\sum_{k=-\infty}^{\infty} f(t)e^{jk\omega_s t} \tag{7.93}$$

が得られる．この $f^*(t)$ のフーリエ変換 $F^*(j\omega)$ を求めると，周波数軸上の推移定理 $F[e^{j\omega_0 t}f(t)] = F(j\overline{\omega - \omega_0})$ と(7.93)式から

$$F^*(j\omega) = \frac{1}{T}\sum_{k=-\infty}^{\infty} F(j\overline{\omega - k\omega_s}) \qquad (\omega_s = 2\pi/T) \tag{7.94}$$

が導かれる．これを展開した形にかくと

$$\begin{aligned} F^*(j\omega) &= \frac{1}{T}F(j\omega) + \frac{1}{T}F(j\overline{\omega - \omega_s}) \\ &\quad + \frac{1}{T}F(j\overline{\omega + \omega_s}) + \frac{1}{T}F(j\overline{\omega - 2\omega_s}) \\ &\quad + \frac{1}{T}F(j\overline{\omega + 2\omega_s}) + \cdots\cdots \end{aligned}$$

となる．右辺の第1項はもとの連続時間信号 $f(t)$ の周波数スペクトルであり，それ以外にサンプリングにより ω_s の整数倍離れたところに同じスペクトルが繰り返し現れることがわかる．この様子を示したのが図7.3である．信号 $f(t)$ に含まれる最高周波数成分を ω_m とすると，図7.3(b)は $2\omega_m < \omega_s$ の条件が成り立つ場合であり，サンプリングにより同じスペクトルが繰り返し現れ

るが，もとのスペクトルの形が保存されている．これに対して，図7.3(c)は $2\omega_m > \omega_s$ の場合であり，サンプリングによって出現したスペクトルが互いに重なり合うため，もともと存在しなかった成分が生じている．このような現象をエリアシング (aliasing) という．

サンプリング後も，もとの連続時間信号の周波数スペクトルの形が保存されるためには，7.1節で述べたように，信号に含まれる最高周波数成分 ω_m の少なくとも2倍以上の周波数でサンプリングする必要がある．この条件が満たされているとき，$F^*(j\omega)$ の中の $\omega_s/2$ 以上の周波数成分を減衰させ，$F^*(j\omega)$ だけを通過させる理想的なフィルタを使えばサンプリングされた信号からもとの連続時間信号が再現される．これがサンプリング定理である．

演 習 問 題

1. 次の関数の z 変換を求めよ．
   (1) t，(2) t^2，(3) $e^{-at}f(t)$，(4) $\cos\omega t$，(5) $e^{-at}\cos\omega t$，
   (6) $\dfrac{1}{b-a}(e^{-at}-e^{-bt})$
2. 最終値の定理(7.10)式を証明せよ．
3. z 変換の公式(7.6)式と(7.8)式を証明せよ．
4. 次の逆 z 変換を求めよ．
   (1) $\dfrac{Te^{-T}z}{(z-e^{-T})^2}$
   (2) $\dfrac{(1-e^{-T})z}{z^2-(1+e^{-T})z+e^{-T}}$
5. 図7.19のサンプル値系のパルス伝達関数を求めよ．

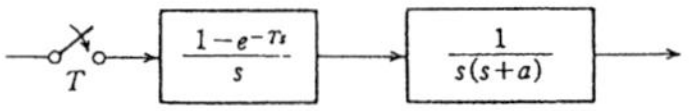

図7.19

6. 図7.20(1)，(2)の制御系の閉ループ伝達関数を求めよ．
7. 図7.21の制御系について，双一次変換後にフルビッツの安定判別法を使って，安定性の検討を行え．
8. 次のように状態表現された連続時間制御系に対応するサンプル値制御系の状態表現を求めよ．ただし，入力は零次ホールドを介して与えられており，サンプリ

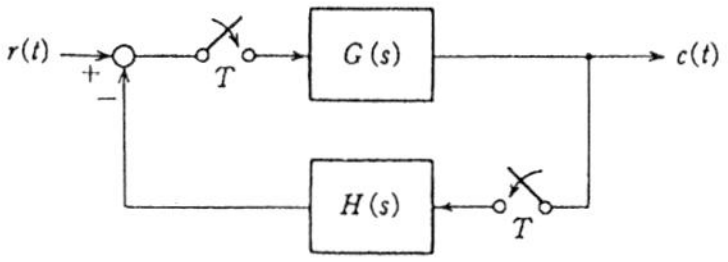

図 7.20(1)

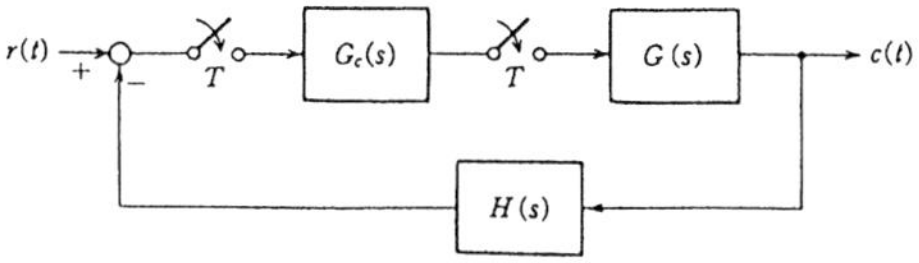

図 7.20(2)

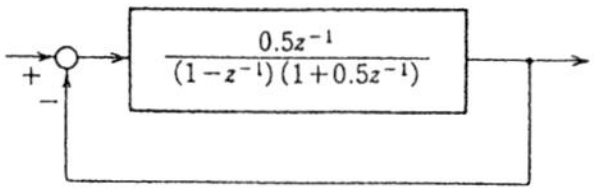

図 7.21

ング時間 T は1秒である．

また，パルス伝達関数を求めよ．

$$x(t) = Ax(t) + bu(t)$$
$$y(t) = cx(t)$$
$$A = \begin{bmatrix} 0 & 1 \\ 0 & -2 \end{bmatrix} \qquad b = \begin{bmatrix} 0 \\ 2 \end{bmatrix}$$
$$c = [1 \quad 0]$$

8. 非線形制御系

前章まで扱ってきた制御系は，各要素の入力変数と出力変数の間には線形性が成り立つものであった．

実際の制御系の要素は何らかの非線形特性をもつが，通常は制御系の動作点の付近では線形性が成り立つと考えて，線形系として解析できる場合が多い．しかし，一方では非線形要素を含む系がリミットサイクル，跳躍現象などの特有の現象を表すことが知られている．このような非線形系特有の現象を解析する場合や，非線形の程度が著しい場合には非線形特性を考慮する必要がある．しかし，非線形特性の種類が多いこと，また複雑な特性をもつものが多いため，非線形系の解析は線形系に比べ一般に困難である．

本章では非線形制御系を解析する手法としてよく知られているもののうち

（1） 位相面解析法

（2） 記述関数法

（3） リアプノフの安定判別法

について述べる．

8.1 位相面解析法

位相面解析法は，位相面上に描かれた微分方程式の解軌道の軌跡から制御系の安定性の判定や過渡特性の検討を行うものである．この方法は作図的手法であるため適用可能な条件として

（1） 制御系の次数が2次以下であること．

（2） 入力が加わっていないか，ステップまたは定速度入力に限られること．

（3） パラメータが時間 t の陽関数でないこと．

の制約がある．

次の2次の非線形微分方程式で表される自由系について考える．

$$\ddot{x}+a(x,\dot{x})\dot{x}+b(x,\dot{x})x=0 \tag{8.1}$$

まず，$x-\dot{x}$ 座標でつくられた平面(位相平面と呼ぶ)の上に与えられた初期値から出発した（8.1）式の解の軌跡（位相面軌道と呼ぶ）を描かなければならない．そのための作図法の一つである等傾線法を紹介する．

a. 等 傾 線 法

$$\ddot{x}=\dot{x}(d\dot{x}/dx) \tag{8.2}$$

なる関係を用いて（8.1）式をかき直すと

$$\frac{d\dot{x}}{dx}=-a(x,\dot{x})-b(x,\dot{x})\frac{x}{\dot{x}} \tag{8.3}$$

となる．ここで $d\dot{x}/dx$ は位相平面上の各点における解軌道の傾きを示している．これを定数とすれば，（8.3）式は同じ傾きをもつ軌道上の点を連ねた曲線を表すことになり，これを等傾線と呼んでいる．また，等傾線上に解軌道の傾き $c=d\dot{x}/dx$ を線分の形で記入したものを案内線と呼ぶ．図8.1に位相面軌道の例を示す．

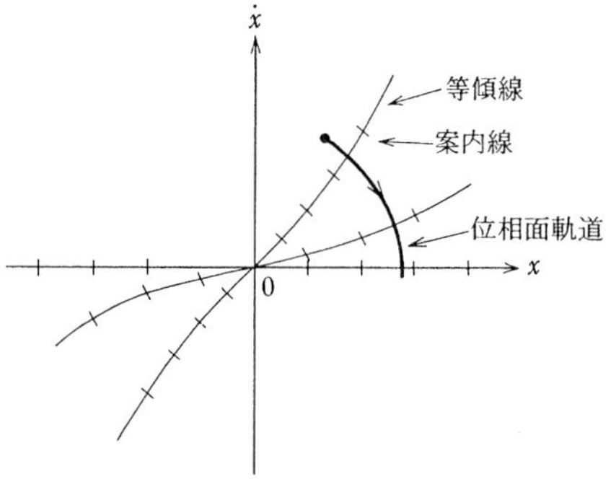

図 8.1 位相平面と位相面軌道

位相平面上の各点では，等傾線上の案内線により軌道の傾きが与えられる．また，位相平面の上半面は $\dot{x}>0$ であるので，x は時間とともに増加し，軌道の移動方向は必ず左から右に向かう．下半面では $\dot{x}<0$ であるので，軌道は逆に右

から左に向かう．これらのことと，次に述べる補助的な作図法を使うことにより，初期点から出発した解軌道曲線の概形を描くことができる．その補助的な作図法の一つが図 8.2 に示す平均勾配法である．まず，初期点における案内線の傾き c_1 が図の上で与えられているものとする．前述のように $\dot{x}>0$ か，$\dot{x}<0$ かの領域によって軌道の移動方向はわかるので，その次に通過するはずの等傾線がみつかり，その上の案内線の傾き c_2 との平均値 $(c_1+c_2)/2$ が求まる．そこで初期点から次の等傾線までは，求めた案内線の傾きの平均値の方向に軌道を描く．次の等傾線との交点に対して上記の手順を繰り返し用いることにより，次々と軌道を描くことができる．

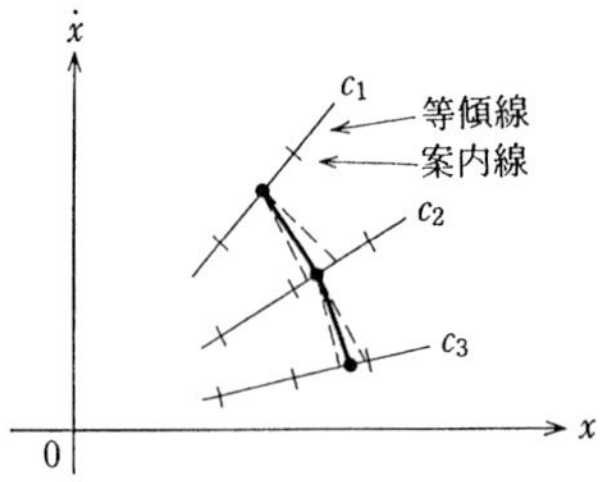

図 8.2　平均勾配法による位相面軌道の作図

〔例題 8.1〕 図 8.3 のようなヒステリシスのあるリレー制御系の位相面軌道を求めてみよう．

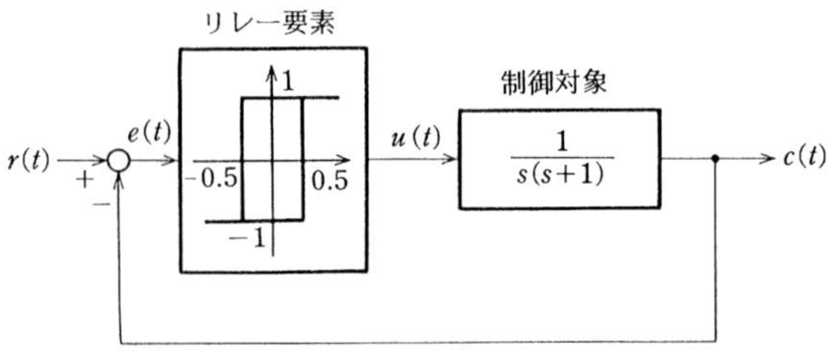

図 8.3　ヒステリシスのあるリレーを含む非線形制御系

〔解〕 制御対象は 2 次系であり，制御入力は $r(t)=0$ であるので位相面解析法が適用可能である．このリレーの動作を考慮すると，図の非線形系は次の二つの線形微分方程式で表されることがわかる．すなわち，条件

（1） $\dot{e}(t)>0$, $e(t)>0.5$

（2） $\dot{e}(t)<0$, $e(t)>-0.5$

のときは，$u(t)=1$ であるので

$$\ddot{c}(t)+\dot{c}(t)=1 \tag{8.4}$$

となる．さらに，条件

（3） $\dot{e}(t)<0$, $e(t)<-0.5$

（4） $\dot{e}(t)>0$, $e(t)<0.5$

のときは，$u(t)=-1$ であるので

$$\ddot{c}(t)+\dot{c}(t)=-1 \tag{8.5}$$

となる．ここで $r(t)=0$, $e(t)=r(t)-c(t)$ であることから $\ddot{e}(t)=-\ddot{c}(t)$, $\dot{e}(t)=-\dot{c}(t)$ なる関係を用いると(8.4)式と(8.5)式は

$$\ddot{e}(t)+\dot{e}(t)=\mp 1 \tag{8.6}$$

となる．右辺の複号は条件(1)，(2)のときには -1 であり，条件(3)，(4)のときは $+1$ であることを意味する．(8.2)式を用いると上式から

$$\dot{e}\frac{d\dot{e}}{de}+\dot{e}=\mp 1 \tag{8.7}$$

が導かれ，(8.3)式に対応して，次の等傾線の式を得る．

$$\dot{e}=\mp\frac{1}{\dfrac{d\dot{e}}{de}+1} \tag{8.8}$$

ただし，条件(1)，(2)のときは－，条件(3)，(4)のときは＋

上式は等傾線が e 軸に平行な直線になることを示している．種々の $d\dot{e}/de$（案内線）の値を与えて等傾線を求め，図示したものが図 8.4 である．

初期値が $-0.5<e(t)<0.5$ の範囲にある場合，リレーの出力は $u(t)=1$, -1 のいずれでも取りうる．リレーがどちらの状態にあるかは偶然によって決まるので，図に示すように $-0.5<e(t)<0.5$ の範囲の初期点から出発する解軌道に対しては，(8.8)式が示す $\mp$ 両方の等傾線，案内線が存在することになり，同一の初期点から出発する解軌道は二つ存在しうる．初期点から出発して，一度リレーの状態が反転した後は，条件に従って(8.8)式のいずれかの等傾線と案

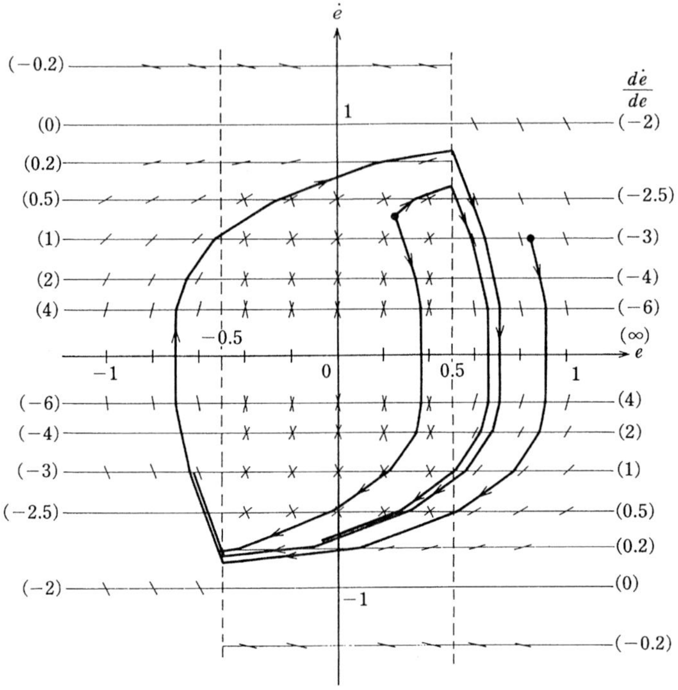

図 8.4　図 8.3 の非線形系の位相面と位相面軌道の一例

内線によって解軌道は決まる．

前述の平均勾配法を用いて作図した解軌道の一例を図中に示す．等傾線と案内線の形から，この非線形制御系には定常な周期振動（リミットサイクル）が存在することがわかる．■

b.　位相面軌道の時間経過

このようにして求めた位相面軌道には時間が陽に現れていないので，過渡特性を検討する際などは，次に示す図的手法を用いて位相面軌道から時間経過を求める．

図 8.5 において，$\dot{x}=dx/dt$ より導かれた

$$t_B-t_A=\int_{x_A}^{x_B}\frac{1}{\dot{x}}dx\fallingdotseq\sum\frac{\Delta x}{\bar{\dot{x}}}\tag{8.9}$$

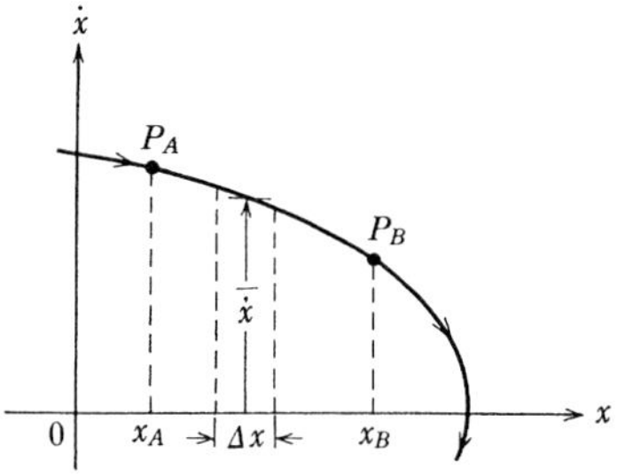

図 8.5 位相面軌道の時間経過を $1/\dot{x}$ から求める方法

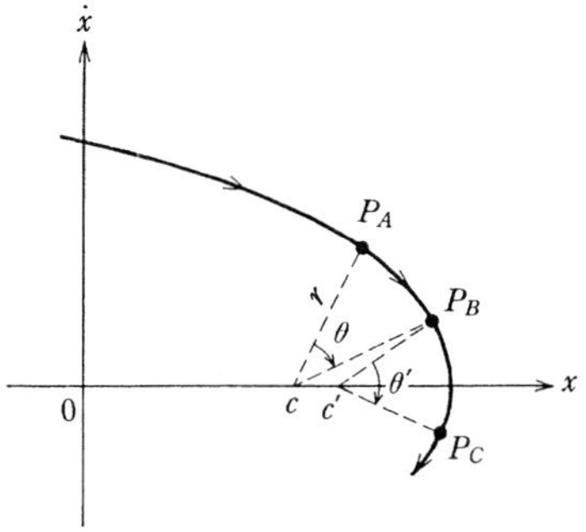

図 8.6 位相面軌道を円弧で近似して時間経過を求める方法

なる関係を用いて点 P_A-P_B 間の経過時間が求められる．ただし，この方法は $\dot{x}$ の変化が大きいところでは近似による誤差が増す．このような場合は次の方法を用いる．

図 8.6 に示すように中心が x 軸上 c にある半径 r の円弧を用いて解軌道の一部が表せるものとすると，軌道は次の微分方程式を満たしている．

$$\dot{x}^2+(x-c)^2=r^2 \qquad (8.10)$$

この微分方程式の解は，単振動を表すもので

$$x=r\sin t+c \qquad (8\text{•}11)$$

である．したがって，点 P_A から P_B までの中心角が θ rad であるとすると，2 点間の経過時間は

$$t=\theta \qquad (8.12)$$

となることは明らかである．

以上より解軌道上の経過時間を求めるために，まず位相面軌道を分割し，(8.9) 式または (8.12) 式を用いて区間ごとに経過時間を計算する．

8.2 記述関数法

記述関数法は，周波数領域において非線形閉ループ系の安定性を解析する手

法の一つで，リミットサイクルの存在を図的手法により検証するものである．まず，フーリエ級数を使って非線形要素の入出力特性を線形化して表し（これを記述関数と呼ぶ），3.3 節 c 項で述べたナイキストの安定判別法を適用しようとするものである．

a. 記 述 関 数

図 8.7 に示す非線形制御系において，非線形要素の入力が次の正弦波であるとする．

$$x(t)=X\sin\omega t \tag{8.13}$$

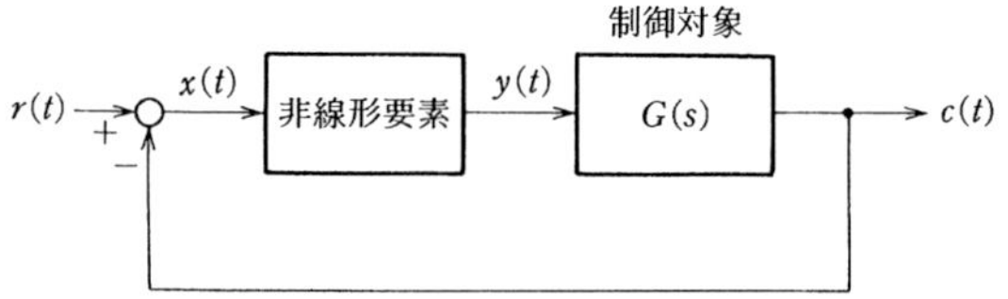

図 8.7 非線形制御系

非線形特性のため出力 $y(t)$ はひずんで正弦波でなくなるが，波形が周期的で正負対称であれば，次のようにフーリエ級数展開できる．

$$y(t)=C_1\sin(\omega t+\phi_1)+\sum_{n=2}^{\infty}C_n\sin(n\omega t+\phi_n) \tag{8.14}$$

ここで，$C_n=\sqrt{a_n{}^2+b_n{}^2}$，$\phi_n=\tan^{-1}(a_n/b_n)$

$$a_n=\frac{1}{T}\int_{-T}^{T}y(t)\cos n\omega t\,dt$$

$$b_n=\frac{1}{T}\int_{-T}^{T}y(t)\sin n\omega t\,dt$$

$$T=2\pi/\omega \qquad (n=1,\ 2,\ 3,\ \cdots\cdots)$$

非線形要素の後に続く線形要素 $G(s)$ が十分な低域ろ波特性をもっていると仮定して，(8.14)式の右辺第 2 項の 2ω，3ω，4ω，…なる高調波成分を無視すると，非線形要素の線形近似が行える．このとき，非線形要素の記述関数は基本波成分（$n=1$）のみに関する入出力関係

$$\begin{aligned}&\text{ゲイン}\qquad |N(j\omega, X)|=C_1/X\\&\text{位相}\qquad \angle N(j\omega, X)=\phi_1\end{aligned} \tag{8.15}$$

により定義される．非線形要素の記述関数は線形要素の伝達関数とは異なり，入力の周波数 ω 以外に，その大きさ X にも依存していることに注意する必要がある．

周波数に依存しない場合，記述関数は

$$
\begin{aligned}
&\text{ゲイン} \quad |N(X)| = C_1/X \\
&\text{位相} \quad \angle N(X) = \phi_1
\end{aligned}
\tag{8.16}
$$

のように表される．

表 8.1　記述関数

非線形要素	記述関数
リレー特性 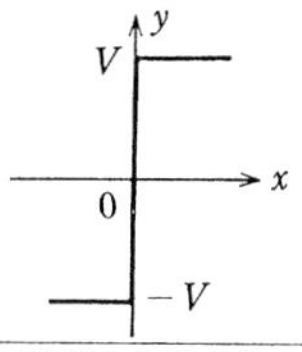	$\lvert N(X)\rvert = \dfrac{4V}{\pi X}$ $\angle N(X)=0$
不感帯のあるリレー特性 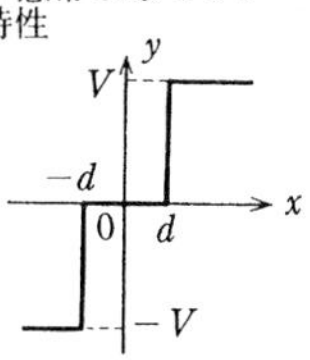	$X \leqq d$ のとき $N(X)=0$ $X>d$ のとき $\lvert N(X)\rvert = \dfrac{4V}{\pi X}\sqrt{1-\left(\dfrac{d}{X}\right)^2}$ $\angle N(X)=0$
飽和特性 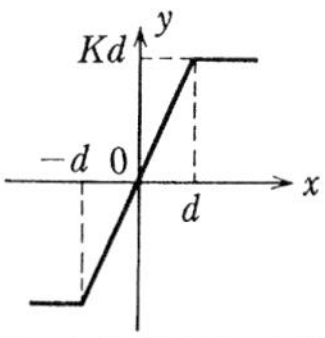	$X \leqq d$ のとき $N(X)=K$ $X>d$ のとき $\lvert N(X)\rvert = \dfrac{2K}{\pi}\left[\sin^{-1}\dfrac{d}{X}+\dfrac{d}{X}\sqrt{1-\left(\dfrac{d}{X}\right)^2}\right]$ $\angle N(X)=0$
不感帯特性 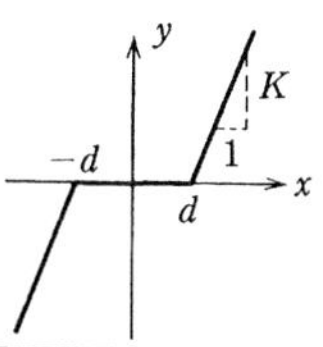	$X \leqq d$ のとき $N(X)=0$ $X>d$ のとき $\lvert N(X)\rvert = K\left[1-\dfrac{2}{\pi}\left\{\sin^{-1}\dfrac{d}{X}+\dfrac{d}{X}\sqrt{1-\left(\dfrac{d}{X}\right)^2}\right\}\right]$ $\angle N(X)=0$

（表8.1 続き）

<table>
<tr>
<td>
ヒステリシスのあるリレー特性

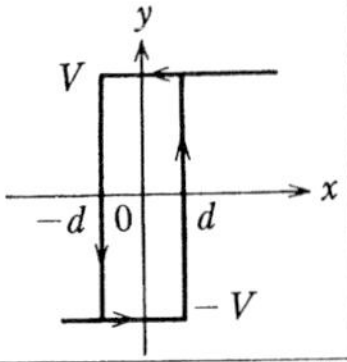

</td>
<td>

$X \leqq d$ のとき

$$N(X)=0$$

$X>d$ のとき

$$|N(X)| = \frac{4V}{\pi X}$$

$$\angle N(X) = -\sin^{-1}\frac{d}{X}$$

</td>
</tr>
<tr>
<td>
ヒステリシスと不感帯のあるリレー特性

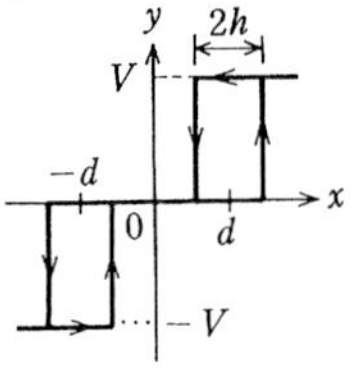

</td>
<td>

$X \leqq d+h$

$$N(X)=0$$

$X>d+h$

$$|N(X)| = \sqrt{a^2+b^2}$$

$$\angle N(X) = \tan^{-1}\frac{b}{a}$$

$$a=\frac{2V}{\pi X}\left[\sqrt{1-\left(\frac{d-h}{X}\right)^2}+\sqrt{1-\left(\frac{d+h}{X}\right)^2}\right]$$

$$b=-\frac{4Vh}{\pi X^2}$$

</td>
</tr>
<tr>
<td>
バックラッシュ特性

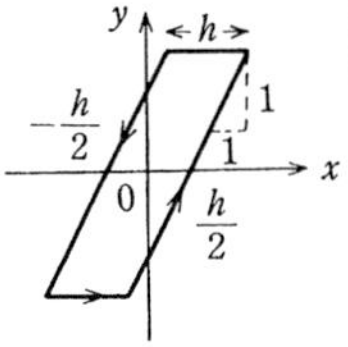

</td>
<td>

$X \leqq \frac{h}{2}$

$$N(X)=0$$

$X > \frac{h}{2}$

$$|N(X)| = \sqrt{a^2+b^2}$$

$$\angle N(X) = \tan^{-1}\frac{b}{a}$$

$$a=\frac{1}{2}\left[1+\frac{2}{\pi}\left\{\sin^{-1}\left(1-\frac{h}{X}\right)+\left(1-\frac{h}{X}\right)\sqrt{1-\left(1-\frac{h}{X}\right)^2}\right\}\right]$$

$$b=-\frac{1}{\pi}\left\{1-\left(1-\frac{h}{X}\right)^2\right\}$$

</td>
</tr>
</table>

表 8.1 に代表的な非線形特性とその記述関数を示す．

b. 記述関数を用いた安定解析

記述関数を用いれば非線形系に生じるリミットサイクルについて検討することができる．図 8.7 において非線形要素は周波数に依存しないものとする．

このとき，この非線形閉ループ系の特性方程式は

$$1+N(X)G(j\omega)=0 \tag{8.17}$$

または

$$G(j\omega)=-N(X)^{-1} \tag{8.18}$$

である．

いま，$-N(X)^{-1}$と$G(j\omega)$のナイキスト線図が図8.8に示されるものであるとし，3.3節c項で説明したナイキストの安定判別法を適用する．このとき(8.18)式からわかるように，線形系における$(-1,\ j0)$点が非線形系では$-N(X)^{-1}$という曲線になっていると解釈できる．図の場合，交点①と交点②はともにリミットサイクルの存在する可能性がある．ところで，交点①の近傍ではリミットサイクルの振幅Xが減少すれば$-N(X)^{-1}$が$G(j\omega)$の左側にくるので，非線形閉ループ系は安定である．このため振幅はさらに減少して$-N(X)^{-1}$上を交点①からますます遠ざかる．反対にXが増加すれば$-N(X)^{-1}$は$G(j\omega)$の右側にくるので閉ループ系は不安定となる．このため振幅はさらに増加し，この場合も$-N(X)^{-1}$上を交点①からますます遠ざかる．いずれにしても交点①にもどることはないので，交点①が示すリミットサイクルは安定に持続しない．他方，交点②の近傍では振幅Xが減少すれば閉ループ系は不安定になり，増加すれば安定になることから交点②から離れることはない．このことは交点②が示すリミットサイクルは安定に持続することを意味する．すなわち，この非線形閉ループ系には図8.8の交点②が示す振幅X_2，周波数ω_2のリミットサイクルが存在することになる．

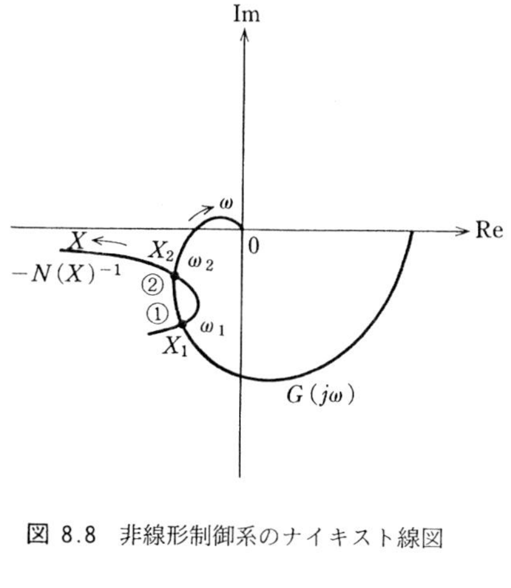

図 8.8　非線形制御系のナイキスト線図

なお，この方法の精度は非線形要素の出力中に含まれる基本波以外の高調波成分を線形部でどの程度遮断できるかに依存している.

〔例題 8.2〕 例題 8.1 の非線形制御系の安定解析を記述関数法によって行ってみよう.

〔解〕 まず，図 8.3 のヒステリシスのあるリレー要素の記述関数を求めるため，その入力を $e(t)=X\sin\omega t$ とすると，出力は

$$X\leqq 0.5 \text{ のとき}\qquad u(t)=1 \quad \text{or} \quad -1$$

$$X>0.5 \text{ のとき}\qquad u(t)=\begin{cases}-1 & 0\leqq \omega t\leqq \alpha\\ 1 & \alpha\leqq \omega t\leqq \pi\end{cases}$$

となる. ただし，$\alpha=\sin^{-1}0.5/X$ である. 図 8.9 に入出力波形の概形を示す. 図から出力は周期的で正負対称な波形であるので，(8.14) 式のようにフーリエ級数展開できる. その基本波成分の係数を求めると，$X>0.5$ のとき

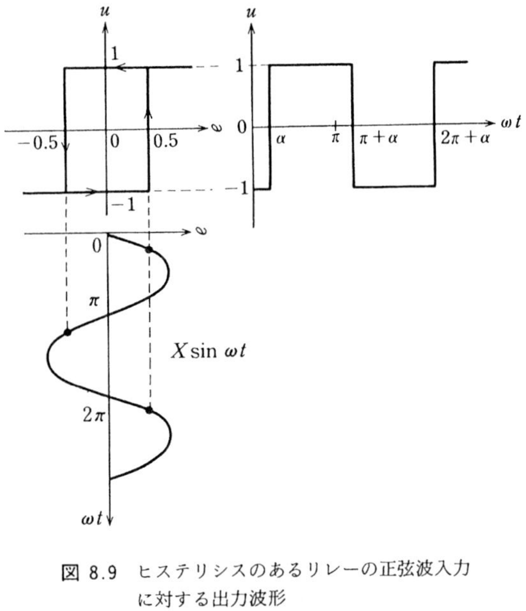

図 8.9 ヒステリシスのあるリレーの正弦波入力に対する出力波形

$$a_1=\frac{2}{\pi}\left[\int_0^\alpha -\cos\omega t\, d\omega t+\int_\alpha^\pi \cos\omega t\, d\omega t\right]=-\frac{4}{\pi}\sin\alpha$$

$$b_1=\frac{2}{\pi}\left[\int_0^\alpha -\sin\omega t\, d\omega t+\int_\alpha^\pi \sin\omega t\, d\omega t\right]=\frac{4}{\pi}\cos\alpha$$

となる．ここで，$C_1=\sqrt{a_1{}^2+b_1{}^2}$，$\phi_1=\tan^{-1}a_1/b_1$ とおくと，記述関数は(8.16)式により求められる．

$$|N(X)|=C_1/X=4/(\pi X)$$

$$\angle N(X)=\phi_1=-\alpha$$

$$(X>0.5)$$

上の結果をもとに描いたナイキスト線図が図 8.10 である．$-N(X)^{-1}$ は負の実軸に平行であり，$G(j\omega)$ とは一つの交点をもつ．この交点が示すリミットサイクルの安定，不安定について前と同様の検討を行うと，リミットサイクルは安定に持続することが結論できる．この結果は例題 8.1 と一致するが，記述関数法では，さらに交点での値からリミットサイクルの角周波数は $\omega\fallingdotseq 1.1$rad/sec，振幅は $X\fallingdotseq 0.75$ であることがわかる． ■

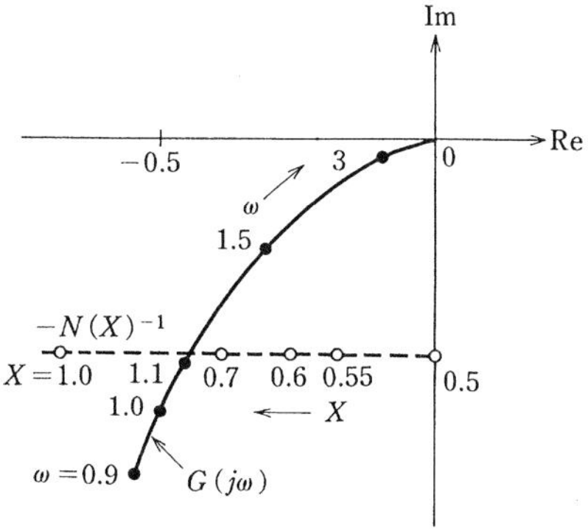

図 8.10 図8.3の系のナイキスト線図

8.3 リアプノフの方法

リアプノフの方法は状態方程式で表現されたシステムの安定判別法であり，広い範囲の非線形系に適用できる手法である．この手法はリアプノフ関数によって，系の安定判別を行うものである．

a. 安定性の定義

線形連続時間系の安定性は，特性根の実数部の正負によって決まることはすでに述べたが，非線形系に対しては別の定義が必要になる．はじめに非線形系に対しても適用可能な安定性の定義をしておこう．

制御系は次の状態方程式で表されるものとする．

$$\dot{\boldsymbol{x}}=\boldsymbol{f}(\boldsymbol{x}) \tag{8.19}$$

ただし，系の初期条件は $t=t_0$ のとき $\boldsymbol{x}_0=\boldsymbol{x}(t_0)$ とする．$\boldsymbol{f}(\boldsymbol{x}_e)=\boldsymbol{0}$ を満足するような $\boldsymbol{x}_e$ を，この系の平衡点という．この平衡点 $\boldsymbol{x}_e$ に対して，次のように安定性が定義される．

定　義　任意の正数 ε に対して $\|\boldsymbol{x}_0-\boldsymbol{x}_e\|<\delta$ のとき，すべての $t \geqq t_0$ に対して $\|\boldsymbol{x}(t;\ \boldsymbol{x}_0,\ t_0)-\boldsymbol{x}_e\|<\varepsilon$ となるような実数 $\delta(\varepsilon,\ t_0)$ が存在するならば，平衡点 $\boldsymbol{x}_e$ は安定であるという．これはリアプノフの意味の安定ともいわれる．ここで $\|\cdot\|$ はベクトルのノルムを表す．

平衡点 $\boldsymbol{x}_e$ が安定でなければ不安定という．

定　義　平衡点 $\boldsymbol{x}_e$ が安定であり，かつ

$$\lim_{t\to\infty}\|\boldsymbol{x}(t;\ \boldsymbol{x}_0,\ t_0)-\boldsymbol{x}_e\|=0$$

ならば，平衡点 $\boldsymbol{x}_e$ は漸近安定であるという．

図 8.11 はこれらの概念を図示したものである．

以上の二つの定義は，平衡点 $\boldsymbol{x}_e$ の近傍の局所的な安定である．これに対し，

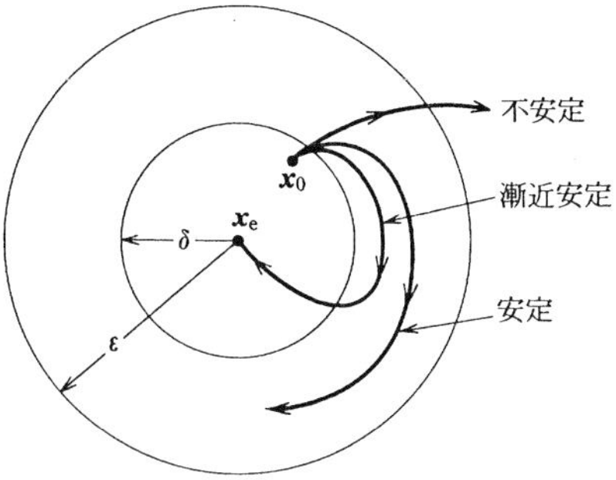

図 8.11 安定性の概念図

どのような初期値に対しても平衡点が漸近安定である場合を大局（大域）的漸近安定という．工学的見地からは，普通，大局的漸近安定であることが要求される．

今までの説明において平衡点 $\boldsymbol{x}_e$ は，一般性を失うことなく，$\boldsymbol{x}_e=\boldsymbol{0}$とできる．なぜなら，$\boldsymbol{y}=\boldsymbol{x}-\boldsymbol{x}_e$ という変数変換をして(8.19)式をかき直せば，新しく $\boldsymbol{y}=\boldsymbol{0}$を平衡点にできるからである．したがって，以下では$\boldsymbol{x}_e=\boldsymbol{0}$とする．

また，系の平衡点が安定，漸近安定，大局的漸近安定であるとき，その系は安定，漸近安定，大局的漸近安定であるという．

b. リアプノフの定理

(8.19)式で表される系が大局的漸近安定となるための十分条件は，リアプノフによって次のように与えられた．

定　理　(8.19) 式の系に対して次の四つの条件を満足するスカラー関数 $V(\boldsymbol{x})$が存在すれば，その系は大局的漸近安定である．

（1） $V(\boldsymbol{x})$は$\boldsymbol{x}$について連続，かつ，1階偏微分可能である。

（2） $V(\boldsymbol{0})=0$ で，$\boldsymbol{x}\neq\boldsymbol{0}$のとき $V(\boldsymbol{x})>0$，すなわち，$V(\boldsymbol{x})$は正(定)値関数である．

（3） $\boldsymbol{x}\neq\boldsymbol{0}$のとき $\dot{V}(\boldsymbol{x})<0$，すなわち $\dot{V}(\boldsymbol{x})$は負(定)値関数である．ただし，時間微分は (8.19) 式の解軌道に沿ってとる．

（4） $\|\boldsymbol{x}\|\to\infty$ のとき $V(\boldsymbol{x})\to\infty$

条件(4)　は大局性を保証するために必要になる．系が単に漸近安定となるためならば，これらの条件のうち(1)～(3)が成り立てばよく，また，単なる安定のためには(1)，(2)の条件と(3)の代わりに次の条件(3′)が成立すればよい．

(3′)　$\boldsymbol{x} \neq \boldsymbol{0}$ のとき $\dot{V}(\boldsymbol{x}) \leqq 0$，すなわち $\dot{V}(\boldsymbol{x})$は準負(定)値(非正(定)値)関数である．ただし，時間微分は(8.19)式の解軌道に沿ってとる．

この定理は直感的には次のように理解できる．条件(2)より $V(\boldsymbol{x})$は正値関数であるので，$V(\boldsymbol{x})=c_i=$定数 $(0<\cdots<c_4<c_3<c_2<c_1<\cdots)$ とする等高面は図 8.12 に示すように原点を中心とする閉曲面群を構成する．原点に近づくにつれて $V(\boldsymbol{x})$の値は小さくなるので，$V(\boldsymbol{x})$の連続性により$\|\boldsymbol{x}\|$の値も小さくなる．一方，条件(3)は解軌道に沿って $V(\boldsymbol{x})$ が時間とともに減少することを意味する．すなわち，図 8.12 に示すように解軌道は時間の経過とともに閉曲面を外側から内側に向かって横切ることになる．したがって，$\boldsymbol{x}(t)$は $t\to\infty$ で原点に収束し，(8.19)式の系は漸近安定となる．

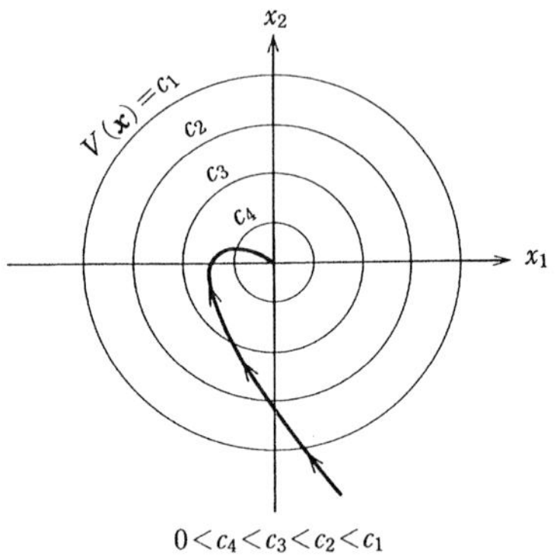

図 8.12　漸近安定な解軌道の例

リアプノフの定理は系が安定であるための十分条件を与えるものであり，定理の条件を満たすリアプノフ関数 $V(\boldsymbol{x})$がみつからなくても系が不安定であるとはいえない．また，リアプノフ関数をみつけ出すための系統的な方法がなく，個々の問題に応じて探すことになる．

〔**例題 8.3**〕 図 8.13 に示す非線形制御系の安定性をリアプノフの方法を使って検討してみよう．

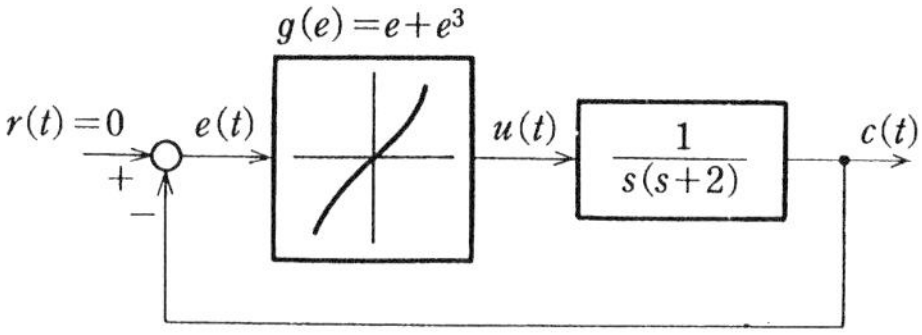

図 8.13　非線形制御系の例

〔**解**〕 非線形の特性は

$$u(t)=g(e)=e(t)+e^3(t)$$

である．図から $r(t)=0$，$e(t)=-c(t)$ であるので，線形部の伝達関数から微分方程式

$$u(t)=-\ddot{e}(t)-2\dot{e}(t)$$

を得る．$x_1=e(t)$，$x_2=\dot{e}(t)$ のように状態変数を選ぶと，この非線形閉ループ系の状態方程式は次式となる．

$$\dot{x}_1=x_2$$

$$\dot{x}_2=-x_1-x_1^3-2x_2$$

リアプノフ関数として次のものを選ぶ．

$$V(\boldsymbol{x})=x_1^4+2x_1^2+2x_2^2$$

解軌道に沿っての $V(\boldsymbol{x})$ の時間微分を求めるために，今求めた状態方程式を $\dot{V}(\boldsymbol{x})$ へ代入すると

$$\dot{V}(\boldsymbol{x})=4x_1\dot{x}_1+4x_1^3\dot{x}_1+4x_2\dot{x}_2$$

$$=-8x_2^2<0 \quad (x_2\neq 0)$$

が得られる．以上のように，関数 $V(\boldsymbol{x})$ はリアプノフの定理の条件(1)〜(4)を満たしているので，この非線形閉ループ系は，大局的漸近安定であることがわかる．■

演習問題

1. 図8.14の非線形制御系について等傾線，案内線を求め，位相面軌道の概形を描け．

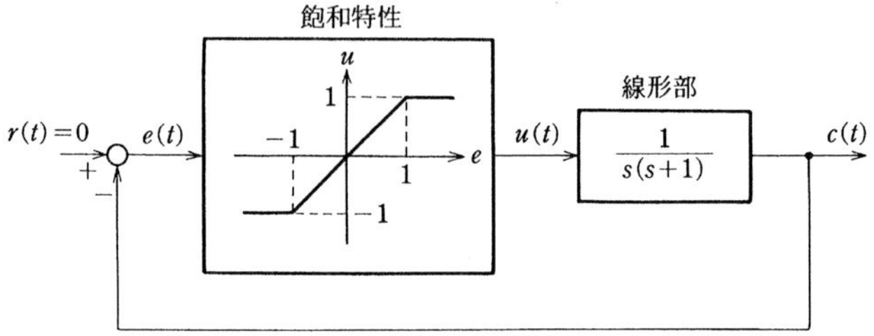

図 8.14

2. 図8.15の非線形要素の記述関数を求めよ．

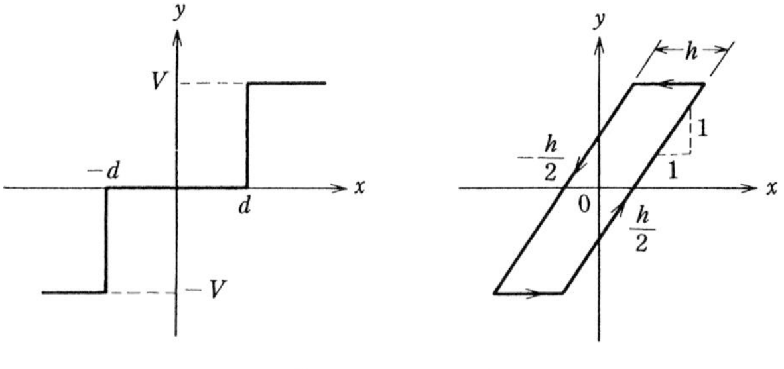

(a) 不感帯のあるリレー特性　　(b) ヒステリシス特性

図 8.15

3. 次の非線形制御系の安定性をリアプノフ関数を使って調べよ．

$$\dot{x}_1 = x_2$$
$$\dot{x}_2 = -x_1 - x_1^2 x_2$$

演習問題解答

〔2 章〕

1．表 2.1 参照．

2．(1) $e^{-t}-2e^{-2t}+e^{-3t}$，(2) $1-e^{-3t}\left(\cos 2t+\frac{3}{2}\sin 2t\right)$，

(3) $\frac{13}{10}e^{-t}-\frac{13}{10}e^{-2t}\left(\cos 3t+\frac{1}{3}\sin 3t\right)$，(4) $8e^{-t}-5e^{-2t}-3\cos 2t-\sin 2t$，

(5) $-4\cos 2t+\frac{9}{2}\sin 2t+e^{-2t}\left(4\cos 3t-\frac{1}{3}\sin 3t\right)$

3．$\dfrac{K_1(K_3s+K_4)}{s^2(Ts+K_1K_2+1)+K_1(K_3s+K_4)}$

4．(1) 省略，(2) $\dfrac{K_1K_3}{K_2K_3Ms^2+(1+K_2K_3D)s+K_1K_3}$

〔3 章〕

1．省略

2．省略

3．$\frac{K}{\omega^2+\alpha^2}(\omega e^{-\alpha t}-\omega\cos\omega t+\alpha\sin\omega t)$，$t\to\infty$ では $\frac{K}{\sqrt{\omega^2+\alpha^2}}\sin(\omega t+\theta)$，$\theta=\tan^{-1}(\omega/\alpha)$

4．～7．省略

8．図解 1

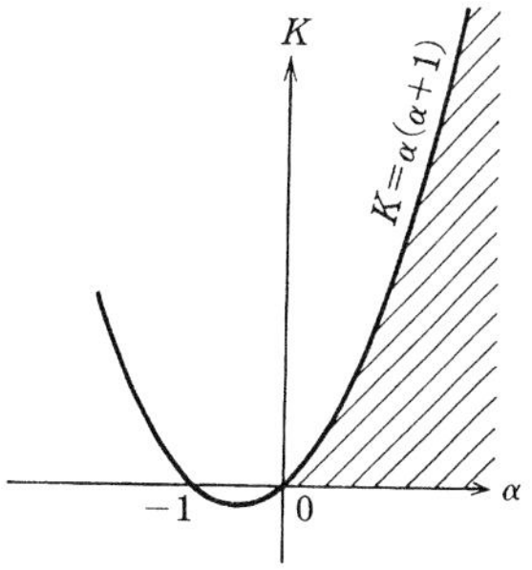

図解 1

9．(1) 0.35，(2) 0.21

10．図解 2

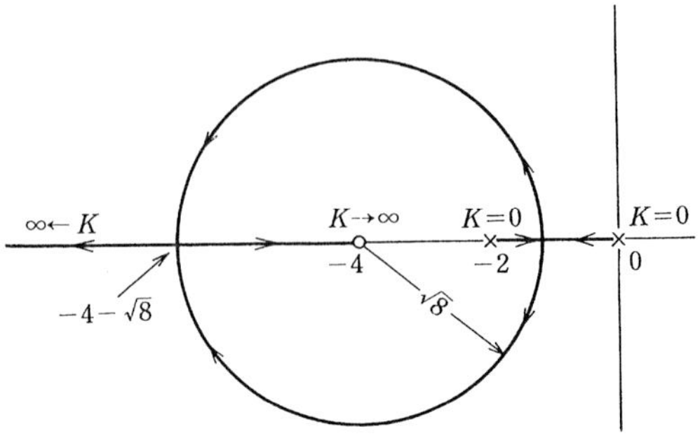

図解2

11．（1） $1-e^{-t}\left(\cos 2t+\frac{1}{2}\sin 2t\right)$，（2） $\varepsilon_p=0$，$\varepsilon_v=2/5$，（3） $\varepsilon_p=2/5$，$\varepsilon_v=\infty$

〔4 章〕 1．$(1+K_1K_2)$倍　2．$\alpha_0=10$，$\beta_0=80$，$\beta_1=32$　3．$F_3=G_c+G_f$，$F_4=G_c/(G_c+G_f)$，$F_5=G_c+G_f$，$F_6=-G_f$

〔5 章〕

1．(5.15)式は(5.12)式を用いて両辺を計算すればよい．(5.16)式は(5.15)式で $t=-\tau$ とおき(5.14)式を用いればよい．

2．$x^T(t)=[x_1(t)\quad x_2(t)]$ とすると $x_1(t)=e^{-t}x_1(0)+b_1\int_0^t e^{-(t-\tau)}u(\tau)\,d\tau$，$x_2(t)=e^{-2t}x_2(0)+\int_0^t e^{-2(t-\tau)}u(\tau)\,d\tau$，$y(t)=e^{-t}x_1(0)+b_1\int_0^t e^{-(t-\tau)}u(\tau)\,d\tau+c_2e^{-2t}x_2(0)+c_2\int_0^t e^{-2(t-\tau)}u(\tau)\,d\tau$，$b_1=0$ のとき可制御でないモード e^{-t} は，その入力応答（入力とのたたみ込み積分）は解に現れず，初期値応答のみが状態変数解と出力（解）に現れる．$c_2=0$ のとき可観測でないモード e^{-2t} は，それに対する初期値応答も入力応答も状態変数解には現れるが出力には現れない．したがって，もしこの可観測でない状態が不安定モード（固有値の実数部が正）のとき，出力を観測しているだけでは内部状態の発散（こうなれば制御系は壊れてしまう）がわからないことになる．

3．（1） 可制御でない．可観測でない，（2） $\dfrac{s^2+5s+6}{(s+1)(s+2)(s+3)}=\dfrac{1}{s+1}$，

（3） $\Phi(t)=\begin{bmatrix} e^{-t} & 0 & 0 \\ e^{-t}-e^{-2t} & e^{-2t} & 0 \\ e^{-t}-e^{-3t} & 0 & e^{-3t} \end{bmatrix}$，解は省略，(4) 可制御でないモードは e^{-3t}，可観測でないモードは e^{-2t}．

4．5.6節の伝達関数の証明を参照．

5．変換行列を$T=\begin{bmatrix}1&0&0\\1&1&0\\1&0&1\end{bmatrix}$とすると対角正準形式は$\dot{\boldsymbol{x}}=\begin{bmatrix}-1&0&0\\0&-2&0\\0&0&-3\end{bmatrix}\boldsymbol{x}+\begin{bmatrix}1\\1\\0\end{bmatrix}u$, $y=[1\quad 0\quad 1]\boldsymbol{x}$，以下は問3(4)と同じ結果が得られる．

6．$\dot{\boldsymbol{x}}=\begin{bmatrix}0&1&0\\0&0&1\\-6&-11&-6\end{bmatrix}\boldsymbol{x}+\begin{bmatrix}0\\0\\1\end{bmatrix}u$，$y=[6\quad 5\quad 1]\boldsymbol{x}$，可制御であるが可観測でない．この伝達関数は問3(2)の通分するまえのものと同じである．問3の状態表現では可制御でなかった．すなわち同一の伝達関数でも状態表現の仕方によって，可制御でないモードや可観測でないモードは変わることに注意せよ．

7．$\boldsymbol{x}=V\boldsymbol{z}, \boldsymbol{z}=L\bar{\boldsymbol{x}}$（すなわち$\boldsymbol{x}=VL\bar{\boldsymbol{x}}$）なる2段階の変換を行え．はじめの変換後は

$$A'=V^{-1}AV=\begin{bmatrix}0&0&\cdots\cdots&0&-a_0\\1&0&\cdots\cdots&0&-a_1\\\vdots&\vdots&&\vdots&\vdots\\0&0&\cdots\cdots&1&-a_{n-1}\end{bmatrix},\quad \boldsymbol{b}'=V^{-1}\boldsymbol{b}=\begin{bmatrix}1\\0\\\vdots\\0\end{bmatrix}$$

となり，これに後の変換を施せ．

〔6　章〕

1．$\boldsymbol{f}=-[3.5\quad 15.5\quad 30.5]$

2．$u(t)=-[1\quad 3]\boldsymbol{x}(t)$

3．図解3

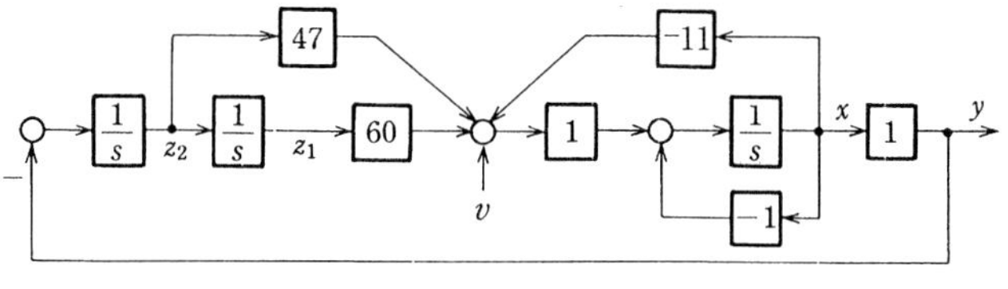

図解3

4．(1)　$\boldsymbol{g}^T=[8\quad 18\quad 6]$

(2)　たとえば　$W_1=\begin{bmatrix}4&-1&1/3\\-10&2&-1/2\end{bmatrix}$，$\boldsymbol{K}=\begin{bmatrix}1/3\\-1/2\end{bmatrix}$，$L=\begin{bmatrix}0&0&1\\3&2&8\\12&6&12\end{bmatrix}$

〔7　章〕

1．（3）（ヒント）$F(z)=\mathcal{Z}[f(t)]$ が与えられているとして，(7.1)式の級数公式を使う．

他は省略．

2．最終値の定理(7.10)式の証明は，まず(7.1)式の両辺に $(1-z^{-1})$ をかけて

$$\begin{aligned}(1-z^{-1})F(z)=&f(0)+\{f(T)-f(0)\}z^{-1}\\&+\{f(2T)-f(T)\}z^{-2}+\cdots\\&+\{f(kT)-f(\overline{k-1}\,T)\}z^{-k}+\cdots\end{aligned}$$

を得る．そこで $z\to1$ とすると

$$\begin{aligned}\lim_{z\to1}(1-z^{-1})F(z)=&f(0)+\{f(T)-f(0)\}\\&+\{f(2T)-f(T)\}+\cdots\\&+\{f(kT)-f(\overline{k-1}\,T)\}+\cdots\end{aligned}$$

となり，右辺は初期値 $f(0)$ に $k\to\infty$ までの増分を加算しているので $\lim_{k\to\infty}f(kT)$ に等しい．

3．（ヒント）(7.1)式の級数公式を使う．

4．（1）$f(kT)=kTe^{-kT}$

（2）$f(kT)=1-e^{-kT}$

5．$G(z)=\dfrac{1}{a}\left[\dfrac{T}{z-1}-\dfrac{1-e^{-aT}}{a(z-e^{-aT})}\right]$

6．（1）$\dfrac{G(z)}{1+H(z)G(z)}$

（2）$\dfrac{G_c(z)G(z)}{1+HG(z)G_c(z)}$

ただし，$HG(z)=\mathcal{Z}[H(s)G(s)]$

7．閉ループ系は安定．

8．状態表現の係数は次のようになる．

$$F=\begin{bmatrix}1 & \dfrac{1-e^{-2}}{2}\\ 0 & e^{-2}\end{bmatrix}\qquad \boldsymbol{h}=\begin{bmatrix}\dfrac{1+e^{-2}}{2}\\ 1-e^{-2}\end{bmatrix}\qquad \boldsymbol{c}=\boldsymbol{c}$$

また，伝達関数は次のようになる．

$$G(z)=\frac{1+e^{-2}}{2(z-1)}+\frac{(1-e^{-2})^2}{2(z-1)(z-e^{-2})}$$

〔8　章〕

1．等傾線の式は次のようになる．

$$e(t)>1 \text{ のとき} \qquad \dot{e}=\frac{-1}{(d\dot{e}/de)+1}$$

$$|e(t)|<1 \text{ のとき} \qquad \dot{e}=\frac{-1}{(d\dot{e}/de)+1}e$$

$$e(t)<-1 \text{ のとき} \qquad \dot{e}=\frac{1}{(d\dot{e}/de)+1}$$

2. 表8.1参照

3. たとえば，リアプノフ関数を

$$V(\boldsymbol{x})=x_1^2+x_2^2$$

と選べ．

参　考　文　献

1) 近藤文治，西原　宏，岩井壮介：電子制御工学，コロナ社，1963
2) 上滝致考，長田　正，白川洋充，長谷川健介，深尾　毅：自動制御理論（改訂版），電気学会，1971
3) 高井宏幸，長谷川健介：自動制御の基礎と応用，実教出版，1971
4) 畑　四郎：基礎制御理論，森北出版，1979
5) 伊藤正美：自動制御，丸善，1981
6) 中野道雄，美多　勉：制御基礎理論，昭晃堂，1982
7) 高橋利衛：自動制御の数学，オーム社，1963
8) A. パポリス：工学のための応用フーリエ積分，オーム社，1970
9) 成田誠之助：ディジタルシステム制御，昭晃堂，1983
10) 美多　勉：ディジタル制御理論，昭晃堂，1984
11) 伊藤正美：自動制御概論（上）（下），昭晃堂，1985
12) 須田信英：制御工学，コロナ社，1987
13) 北村新三，武川　公，松永公廣：制御工学，森北出版，1987
14) 美多　勉，原　辰次，近藤　良：基礎ディジタル制御，コロナ社，1988
15) Julius T. Tou : Digital & Sampled-data Control System, McGraw-Hill, 1959
16) Joseph La Salle and Solomon Lefschetz : Stability by Liapunov's Direct Method with Applications, Academic Press, 1961
17) Benjamin C. Kuo : Analysis and Synthesis of Sampled-data Control Systems, Prentice-Hall, 1963
18) John E. Gibson : Nonlinear Automatic Control, McGraw-Hill (Kogakusha), 1963
19) E. I. Jury : Theory and Application of the z-transform Method, John Wiley & Sons, 1964
20) Arthur Gelb and Wallace E. Vander Velde : Multiple-input Describing Functions and System Design, McGraw-Hill, 1968

索　　引

ア　行

カ　行

サ 行

タ 行

ナ　行

ハ　行

マ　行

ヤ　行

ラ 行

著者略歴

しばた　ひろし
柴田　浩

1939年　神奈川県に生まれる
1962年　大阪府立大学工学部卒業
現　在　大阪府立大学工学部教授
工学博士

ふじい　ともお
藤井知生

1933年　三重県に生まれる
1955年　大阪府立大学工学部卒業
前大阪市立大学工学部教授
工学博士

いけだ　よしひろ
池田義弘

1939年　大阪府に生まれる
1963年　大阪府立大学工学部卒業
元大阪産業大学工学部教授
工学博士

新版 制御工学の基礎　　定価はカバーに表示

1990年4月15日　初版第1刷
2001年5月20日　新版第1刷
2012年3月25日　第7刷

著　者　柴　田　　浩
藤　井　知　生
池　田　義　弘
発行者　朝　倉　邦　造
発行所　株式会社　朝　倉　書　店
東京都新宿区新小川町6-29
郵便番号　162-8707
電　話　03(3260)0141
FAX　03(3260)0180
http://www.asakura.co.jp

〈検印省略〉

壮光舎印刷・渡辺製本

ISBN 978-4-254-20105-5 C 3050　　Printed in Japan